重新定義親密關係

告別嫉妒、謊言和誤解的實用指南

WENDY-O MATIK

溫迪・歐麥蒂克 著

廖愛晚 譯

本書作者想對
Noah、Adrienne、Famous、Erin及 Carey
表達她最衷心的感謝，沒有你們的道義支持，
我將無法承擔所面臨的重任。
你們一貫的鼓勵堅定了我的信念，
給我力量去相信自己。

特別感謝
Eve、Mark Weiman及 Markley，
乃至無數協助本書問世的人們，
不論他們的付出是在精神上，
還是在實際的時間和精力上。

謹將本書獻給
每一位啟發了這書寫、
也觸動了我生命的人。

目錄

作者簡介

溫迪．歐麥蒂克（Wendy-O Matik）是一位來自美國加州北部的自由作家、詩人及愛的激進行動者。

作為推進社會變革的行動者，自本書《重新定義親密關係：告別嫉妒、謊言和誤解的實用指南》在2002年問世以來，她已在全球各地舉辦過一百六十多場開放關係工作坊，探索重要的社會動向，重塑21世紀另類親密關係的未來。

她主辦的開放關係工作坊旨在營造一個不帶批判的支持社群，努力撼動主流社會對關係、愛、性別、平等乃至性政治的成見，鼓勵激進的愛。激進的愛是自由地去愛你想愛的人，用你想愛的方式，不限數目，但必需確保所有關係的核心中存在正直、尊重、誠實及知情同意。激進的愛重點落於愛及親密，而非性和性上的征服。

溫迪的個人網站：

http://www.wendyomatik.com/

推薦序

序一 "There's beauty in the unknown."

金曄路 性別研究學者

"There's beauty in the unknown."

剛剛打開這本書的時候，我心裡這樣想。

再看下去，不，其實開放關係是要我們深入地、不含糊地直面known的領域。這「已知」的領域是我們被社會規範所掩蓋和扭曲的自我需求和感知，反而跳進大眾道德認同的「已知」的關係模式，很多時候是一場「未知」的賭博。因為我們往往不是因為自己的需求和感知而進入一段關係，我們多少是為了得到家人的認可、社會的認同和法律的支持等等。

我們用愛來包裝自己對這些外部肯定的獲取，也以為約定俗成的關係就是自己需要的。

這不單是一本關於開放關係的工具書，更是一本關於如何了解自己、跟自己好好相處的書；對正在進行任何關係模式的人都能有所啟發。有別於其他開放關係的「教科書」，作者Wendy-O Matik刻意不把焦點放在性愛，她談的更多是如何誠實面對自己的需求（從而建立自己的道德和關係管理方式）、如何「學會用溝通來做愛」（頁84）、如何以友誼為基礎來建立親密關係、如何實踐愛的權利和設定愛的邊界。開放關係對所有人都適用的一點是，它提醒我們愛不是佔有和控制，也不是合理化嫉妒的理由，「開放關係的終極目標，就是不帶佔有地去愛另一個人。」（頁90）

作者所定義的開放關係，更像是一種真誠對待自己、以及真誠和別人建立連結的親密朋友關係，有無性愛不是重點。每段關係當中的細節和內容，也是千差萬別，沒有一本手冊可以一概而論。

開放關係是個人化時代的一種親密關係模式、一場另類情感實驗；但同時，它也是回到根本，直面我們真實的需求和感受的內在探索旅程。

當然，這不是一趟簡單的旅程。忠於自己、忠於我們所愛的，需要更多的慈悲和與無常共存的覺悟。

最後，感謝愛晚把這本書譯介給中文讀者。

推薦序

序二 「如果阿媽有咗第二個？」

孫珏
香港浸會大學文化研究與創意產業課程講師

在這學期的love and humanities的第一堂課上，我邀請學生們以匿名網上投票的方式回答「如果阿媽有咗第二個，你OK嗎？」。原本預計大部分學生會認為不能接受，因此我還特意準備了一些反思異性戀婚姻關係正當性的問題打算接著討論下去。

然而投票結果卻讓我出乎意料：有近六成的學生覺得阿媽有咗第二個是可以接受的，另外有超過兩成的表示要再想想，選了不能接受的反而不到兩成。

帶著驚訝我問大家，你們為什麼會這樣選呢？幾位投了贊成票的學生十分踴躍地發言。有的說，阿媽也是有情感需要的人，既然婚姻滿足不了她的需要，那她就有權做這個選擇，所以願意尊重她的決定。另外一些補充說，也許未成年的自己會覺得很難接受阿媽出軌，但現在已是有獨立思考能力的成年人了，也對阿媽沒有以前那樣依賴，因而會有一點空間去嘗試理解她的選擇。

我在一旁邊聽邊感動，也深受啟發。相比十年前，現今的年輕一代很早就開始利用資訊科技透過不同渠道為自己對親密關係的疑惑、好奇，甚至不安尋找答案，同時也在自己的親密關係實踐，以及與同齡人的圍爐抱團中自學成長。學生們勇敢坦承的分享，讓我看到他們對自由自主的強烈渴望，知道親密關係並非只有ABC餐可選，也有同理他人的能力，這無疑為進一步探索「愛」邁出了重要的第一步。

那接下來要怎麼走呢？當自由和自主在消費社會中被賦予至高無上的地位，非單一伴侶制隨著交友軟件的普及已不再是社會禁忌話題的時候，我們可以怎樣（重新）定義愛，想在親密關係中獲得什麼，又該如何做選擇？

Wendy-O Matik早在2002年寫的這本書，在二十年後的今天被翻譯成中文出版，相信可以為更多正在思索著以上問題的華文世界讀者，尤其是在社交媒體時代成長起來的年輕人，提供豐富系統的思想養分、行動上的指導，以及情感上的支持。她以開放關係來批判浪漫愛中被固化的制度性安排和權力關係，結合深入淺出的個人以及其他開放關係實踐者的分享，從對忠誠、信任、寬恕、恐懼、嫉妒等共同課題的反思中提煉出具體清晰的原則和切實可行的策略，為親密關係注入多元的意涵，開闢另類路徑。

換句話說，作者用開放關係印證了，當愛慾落實，要建立和維持自由獨立、有滿足感以及有擔當的親密關係並非不可能。雖然會面對更多的挑戰，會感到疲憊乏力，但幸好仍有方法和出路，亦有支持網絡，幫助我們在複雜流動的情愛道場中練習調節和安穩，取得動態平衡。

她認為愛是個人採取的積極主動的革命性日常行動主義，這行動本身是給予、分享、成長、啟發乃至創造性地去愛，而非盲目被動地跟從外在條約規範的牽引。所以重要的不是將其刻板印象化、教條化，而是根據自己的需要和價值觀來定義和建立一段關係。因為無論是單偶制還是非單偶制，異性戀抑或非異性戀，愛的最終指向都是連結，實現自我的連結和與他人的連結。假使沒有這種連結，那親密關係也難以為繼。

親密關係是私人的，也是社會發展的產物。所以正如作者所言，開放且自由地去愛就是一項具有政治意味的革命性的舉動。因為這個舉動挑戰甚至突破的不僅僅是個人的侷限，更是不平等的權力架構和壓迫性的理念、規則和制度本身。

尤其是當情愛關係中的消極選擇[1]變得更為容易，在「愛無能」成為了親密關係的新常態下，開放且自由地去愛是一個更加值得期待和實現的願景。與其無力面對，絕望地躺平，不如身體力行地鍛鍊每一寸愛的肌肉，重拾愛的能力，去想像和開闢親密關係中更多可能。因為，「不論愛本身是否負有責任，最終要為你生活中愛的豐盈或匱乏負責的是你自己」。[2]

1. Eva Illouz的新書《為什麼不愛了》探討的是現代資本主義社會中一個越來越普遍的現象：隨著消費主義對親密關係的不斷侵蝕，人們在經歷情愛關係的不確定、混亂、茫然時，在社會失範的情況下，更容易作出消極選擇，例如脫離關係以減少負擔和責任。但這也令個人在親密關係中的收穫也愈加匱乏。

2. 頁144。

作者引言

親愛的讀者：

當譯者廖愛晚向我提出將本書譯為中文時，我深感榮幸。我一直夢想與他人分享我的理念和創作，而不受地域或語言鴻溝阻隔。因此我首先要感謝愛晚給我這個機會。愛晚最終幫我聯繫上了一家感興趣的出版社dirty press，這才有了後來的一切。其次我要感謝dirty press對我作品的垂青，以及對有關戀情激進女權思想的開明。這意味著，諸位現在捧讀的乃是一場心智的革命，它勇於跨出傳統的牢籠，釋放我們的生命至更有力而自由的所在。

講述自己的故事是我作為通向自由之路的一步。2010年，我和母親來華遊歷。舅父在北京任教多年，他時常稱道中國的美妙，我與母親都很嚮往。我們的旅程從上海開始，接著遍訪西安和北京，直至與舅父團圓。我們在中國的藝術、文化、建築、園林中目睹了舉世珍寶。歌舞戲曲、絲織雕刻、宮殿廟宇、廣場城牆，皆令我們過目難忘。更不用說那琳琅滿目的美食——水餃是我的最愛之一。說實話，中餐已經俘獲了我的胃，也俘獲了我的心。

但在這樣一片古韻悠遠、文脈深厚、史跡斑駁的土地上，人們生活的真實面貌又是如何呢？有沒有一些社會的法則或規範，強令人們犧牲個人的自由？有沒有一些祕密，因為受到懲戒、流放甚至死亡的威脅，而只能深深埋藏？我想聆聽那些被排擠或被壓迫的族群的心聲——那些愛慕同性或性別酷異的，那些貧苦或殘疾的，那些與傳統決裂而另起爐灶的，那些因其信仰、理念或政見而不容於社會的——這樣的人們都在夢想著什麼？一如在我自己的國度，我也關心這裡無法自由去愛的人們，他們的愛違抗了傳統的耳提面命。他們如何能夠團結起來爭取接納，暢享諸如多偶關係或開放關係這樣的禁忌之戀？

親愛的讀者，我願與你們促膝長談，了解你們在另類親密關係中的喜怒哀樂。你們遇到了怎樣的挑戰？有沒有支持網絡讓你們彼此相連？你們在愛的是誰、如何去愛及愛多少人方面的選擇，是否隨著社會的轉變而更被認可？我能告訴你們的是，我在美、加、英、澳、新等國的遊歷中所聽聞的故事已顯示，在開放關係的追求者當中，你們並不孤單。我們以各自獨有的方式，勉力尋找去愛的道路，休戚與共。我們都渴望被理解、被看見、被包容。我們在深夜的戀愛聊天室裡圍爐取暖，在電郵中和遠方的收件人心有靈犀，為了那些可能讀懂我們的人，我們發布既傲慢又不順從的戀愛宣言。

心懷勇氣的讀者啊，我寫下這些是要告訴你，我們為數眾多、遍布各地。和我一起投身這場愛的革命吧。信任你內心的聲音。愛的方式絕不唯一。攜起手來，我們能夠成就一場運動，而愛將是我們顛撲不破的指引。

溫迪・歐麥蒂克
2019年11月20日

“最為要緊的權利是愛與被愛的權利。”

Emma Goldman

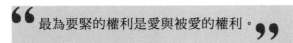

“我們相信，

人類在性、愛和親密方面的潛能，

遠超多數人的想像——這潛能或許無極限——

而你擁有的稱心的人際關係越多，

你對此就越能駕輕就熟。”

Dossie Easton and Catherine A.Liszt,
《道德浪女》
The Ethical Slut: A Guide to Infinite Sexual Possibilities

定義

伴侶：你的主要陪伴者。

戀人：你柏拉圖式或者有性關係的朋友。戀人的本質是任何你在意、尊重並與之維繫情誼的人。

開放關係：一種超越社會現狀並重新定義的親密關係。伴侶們一方面鼓勵彼此用無限制的方式去愛，一方面保持對自己的主要伴侶（們）、朋友們及戀人們嚴肅認真的情感投入。理論上來說，開放關係尋求的是一種非等級制的愛。

單偶制：單一伴侶的親密關係，不論是性關係、浪漫關係還是其他類型。

嫉妒心：喪失理智地要求全然奉獻；對你的關係競爭者、或你認為佔據優勢者的懷疑；缺乏信任地進行監視。

做愛＝表達愛意：你用心去做的所有事情，包括交合、握手、親吻、一封情書、一份和解禮物、虐戀（S/M）、藝術、音樂、自慰、戀物、性幻想、一通電話、一個溫暖的擁抱，任何能夠取悅你的東西，任何讓你覺得美好的事情，絕無窮盡。我保證你數不清一共有多少辦法，可以讓你僅憑一己之力，就能對這個星球、或你自己、或你最好的朋友、或你新的戀人表達愛意。

規則：一項共同的約定、認識、抉擇或安排。

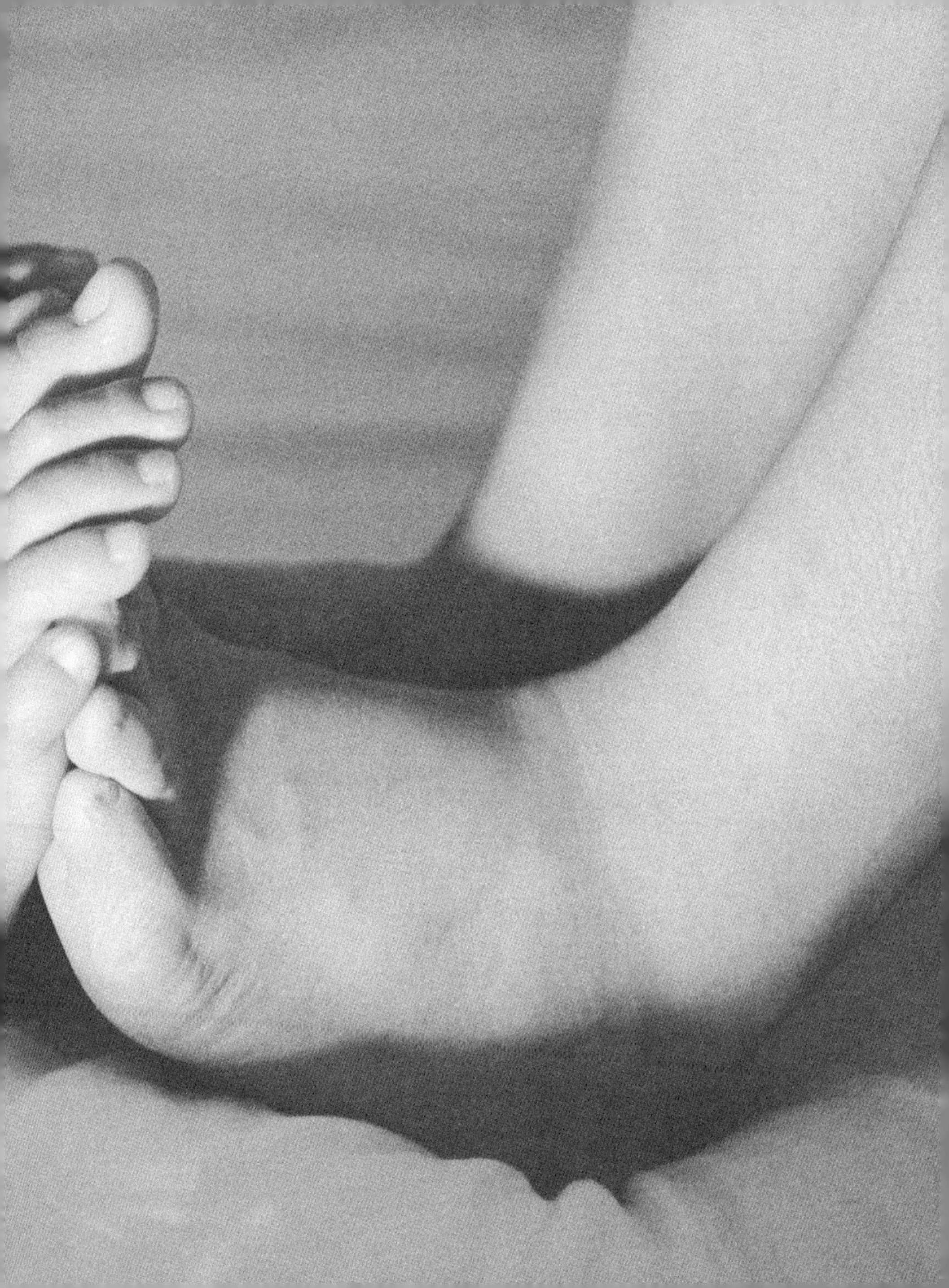

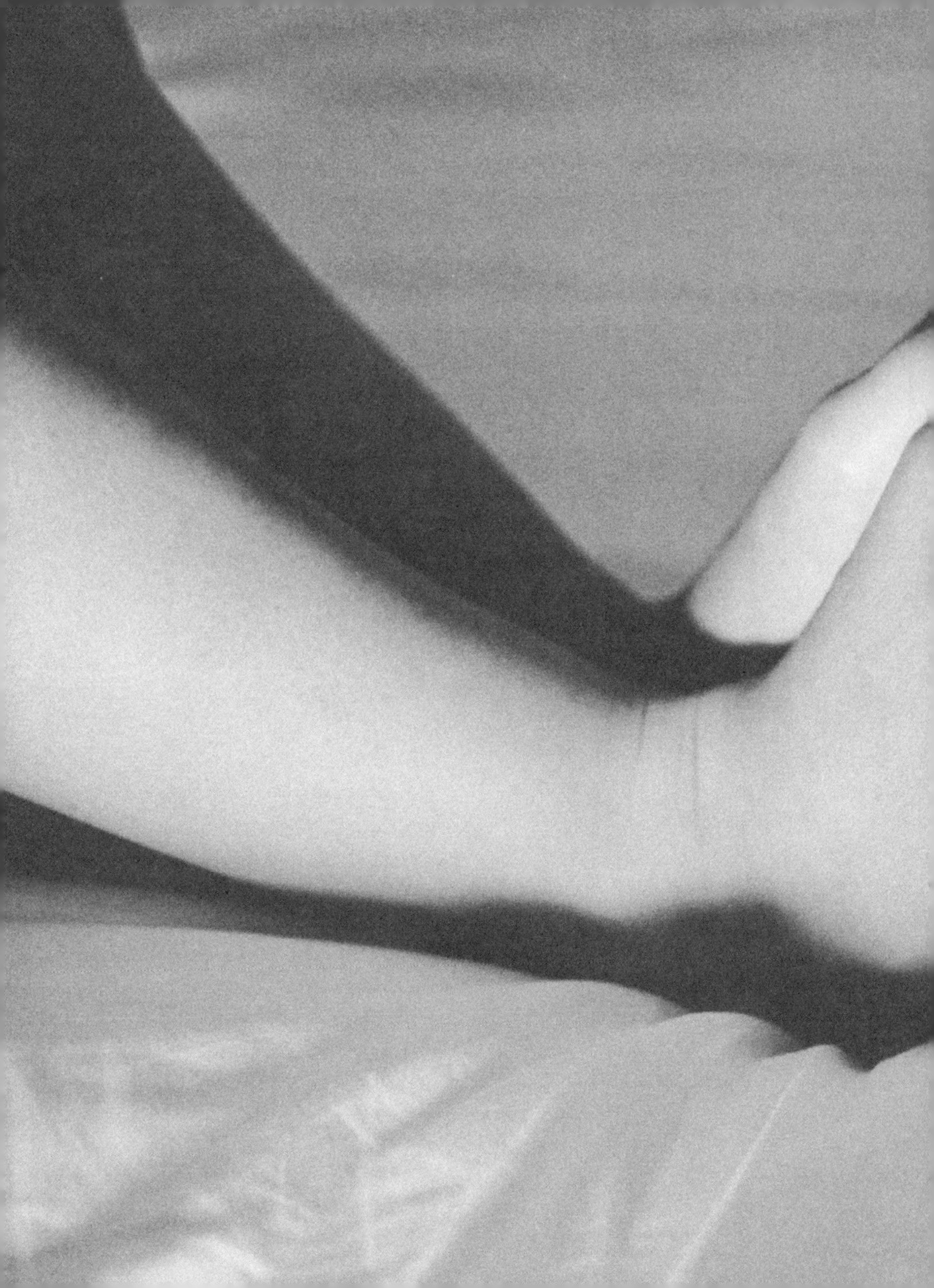

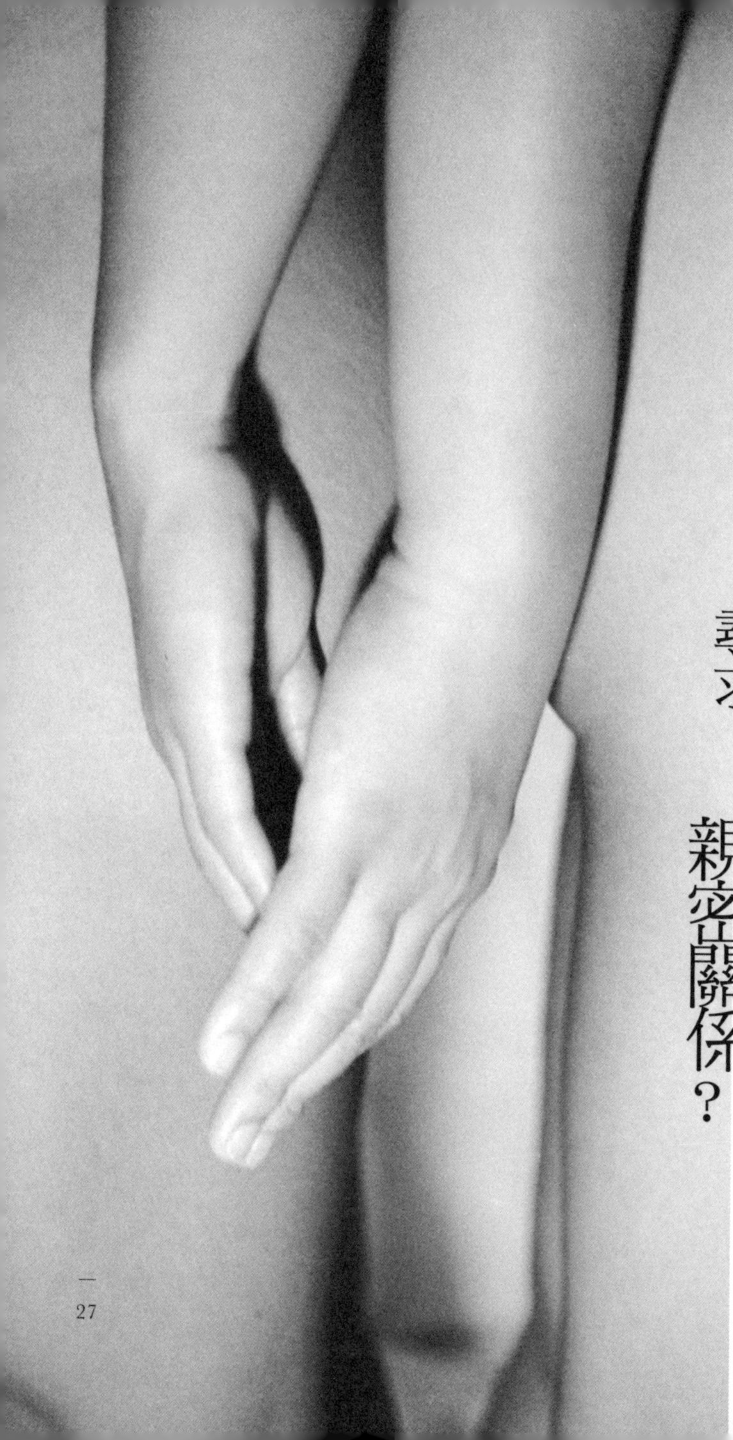

第一章

為何尋求另類親密關係？

“多重伴侶關係被視為一種另類選擇。

它結合了承諾、愛、終生扶持等傳統概念，

以及更富爭議的主張，

例如同時與不止一人存在性關係，

且所有伴侶對此全然知情。”

Kevin Lano and Parry Claire (Editors),
Breaking the Barriers to Desire: New Approaches to Multiple Relationships

很多朋友都鼓勵我把自己的親身經歷寫下來，我受此啟發大膽提筆，描述另類親密關係的這個世界。我沒有榜樣而只有自己可以參考，現在我這段另類關係已經成功度過了超過十三個年頭。我願意第一個承認：「這絕非小事一樁！」我寫作此書的動力，正是源於社會對親密關係或愛這主題公開討論的匱乏。我只是希望在那些敢於閱讀此書的人當中，激起一場心靈與思想的內在革命。

我花了人生中的大半時光，終於漸漸認清了一個事實，那就是我沒有辦法適應單偶的關係，沒有辦法不讓我的心去愛其他人，沒有辦法把我的渴望閉鎖深閨。概念諸如「出軌」、「背叛」和「對唯獨一人保持忠誠」，一直讓我感到困惑與陌生。我一直因為不同原因享受和不同人交往。我作為捍衛自身自由的女人，無法想像被單偶關係羈絆，更無法想像某人必須試圖滿足我所有需求和渴望。

通過重新定義我的親密關係，我對自己和伴侶都新增了許多認識。

我了解到，在現實中不能指望某人滿足我生活的所有渴望。無人可以面面俱到，這就是我們擁有朋友和家人的原因，也是我們和其他人建立關係的原因。其他友誼與親密關係，能夠緩解我們強加於主要伴侶身上、那要滿足一人所有需求的壓力。期待我的伴侶去提供一切，這既不公平也不現實——當伴侶無法滿足這樣的期待時，一個人就會深陷失望當中。

開門見山地說，這本書無意比較單偶制和非單偶制孰優孰劣。我選擇書寫的開放關係是我自己的親身經驗。我堅信開放關係能夠減少不健康的相互依賴所帶來的危害。開放關係激勵我們去迎戰自己的嫉妒心和佔有慾。你投身的這段關係，父母的婚姻不足為鑑，社會的法則亦無說明，連好萊塢（Hollywood）的電影裡都鮮有示範，這意味著你要衝破現狀的束縛，不再做一個循規蹈矩的人。你要根據自己的需求和價值觀，來重新定義和建立一段親密關係。在這個時代，開放且自由地去愛就是一項具有政治意味的舉動。

總結你對理想關係的看法，重塑你的價值體系，重新定義友誼的潛能，想像對你自己和你關心之人表達愛意的千百種方式。當你開始行動，你還可以重新發明自己的性別、性偏好乃至性傾向。

通過設想你最狂野的理想伴侶模式，你能夠讓你的親密關係變得通透。藉由挑戰老舊套路和再創情感投入的各種新高度，你可以避免死水一潭。直面你人生真正的渴望，詢問自己到底想在你所有人際關係中要什麼，然後，從朋友、戀人到伴侶，讓所有相關的人都了解這些渴望。你是否夢想過有一個或兩個同居伴侶？還是你更願意獨自生活，但同時有幾段外部的、重要的親密關係？你可以設計一個公平的機制，讓你能夠左右逢源、分身有術，就像你和朋友們做到的那樣。這都是可行的。如果你滿腹狐疑，不相信非單偶制關係能夠成功，那麼它註定失敗。如果你相信可以有慾望自由，也決意追隨內心，那麼一切皆有可能。所有伴侶或戀人都必須同意此共同目標，開放關係方可成立。

開放關係將使你成為一個更好的戀人，對你自己和其他人而言都是。它會打開你的知覺，幫助你順應人類天性，那就是永不停息地，不拘一格地，去追尋愛，給予愛，獲得愛。

一個男人寫道：「我希望聽到更多關於一人無法滿足我們所有需求這一想法的討論——我認為這是支持非單偶制關係最強而有力的論據。不僅是為了實踐非單偶制關係而作的日常安排，非單偶制本身具有真正的優點和好處，例如克服嫉妒而體驗到的個人成長，通過理解明白你的戀人／伴侶是自由的人，還有就是關係中所有的人都有機會去接觸、愛上和體驗不同人們。」

何謂親密

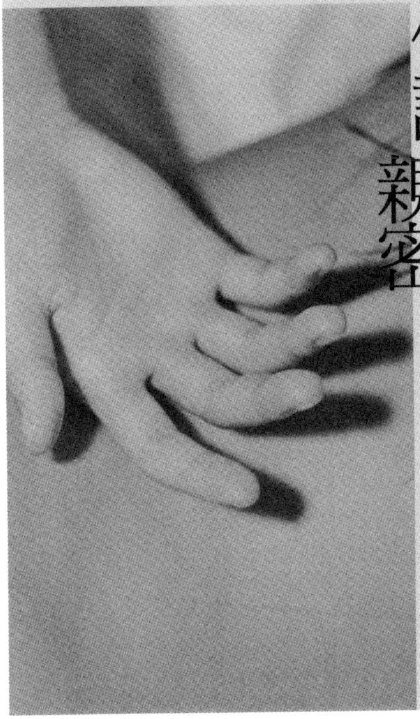

“對另一個人的愛

並不會削弱或改變我們對已有伴侶的愛，

反而會增強它。

更多的伴侶讓我們能以不同的方式體驗自我，

實現我們更多的潛能。

我們變得更加完整，

也更不容易因為慾求不滿

而對單一的伴侶感到怨恨。”

Paul King,

Polyamory: Ethical Non-Monogamy

被大多數非單偶者奉為「聖經」的，是Easton和Liszt所著的《道德浪女》一書。我覺得這書在理解我們自己和我們親密關係的性元素方面是很有幫助的，它教我們如何管理與多位伴侶或戀人的關係，如何處置妒意並解決衝突。因為這書的存在，我有意弱化了性、交合等主題，或者說弱化了對開放關係當中性元素的討論。我這麼做的原因是複雜的，可能需要再寫一本書才能完整解釋我關於身體之愛的想法。我呼籲人們重新定義「性」這個常見概念，不再簡單地把性與交合劃等號，而是超越肉體，將心智伸向「親密」這個廣袤而神祕的灰色地域。

你是否曾經和某個人進行過一場激盪心神的熱切討論，你體溫上升，你們交換了充滿激情而推心置腹的話語，這一切讓你有了翻雲覆雨的快感？你彷彿變得不一樣了，感官更敏鋭了，對這個人充滿一種前所未有的愛意。或者當你和某個人共用佳餚之後，你發現剛才是如此浪漫而美味，毫不遜於魚水之歡？你有沒有因為一個擁抱，或在期待已久之後被攬入胸懷，而心生墜入愛河的感覺？你有沒有想像過，一個吻可能勝過房事，足以在那個被點亮的瞬間，傳達你所感到的萬般柔情？

這就是我想要探索的這個被稱作「親密」的灰色地域。付出愛是一種私人的、同時也是革命的舉動，我所愛的每一個人，不論是友人、戀人、姐妹抑或祖母，都體現著我生活中一種日常的行動主義。每一封情書、每一個擁抱、每一次溫柔的吻、每一朵摘下的花、每一句慰藉的話，都是在把充滿心間的愛與善付諸行動。我也有其他的出口——做園藝、騎機車、烹調、縫紉、詩歌或演說、彈貝斯、和他人通信，等等——但唯有與特別之人的深刻聯結，才能給我這種獨一無二的激動與滿足。這就是我實踐並相信開放關係的原因。性的確認非我所求，我想要的是給予、分享、成長、啟發乃至創造性地去愛這一行動本身。假使沒有這些聯結，我幾乎覺得生活將會無以為繼。

開放關係不能被簡化為僅僅是性的行為。有太多的方式可以讓你表達愛意，讓你在日常生活中重塑親密，就如同從一片水果中吸吮汁液，並且頭一回感到饜足。身處開放關係當中，你將獲得一種革命性的機遇，能夠不帶負罪感地與生活、與你自己、與你的靈魂相愛相交。拓展你對情慾的理解，重新發掘以語言與書寫表達情感，以一種能夠真正表達你對一個人之想念的方式去擁抱，撫摸戀人的每一寸肌膚卻不單以性為目標。

更重要的是，練習如何在伴侶、友人、戀人乃至家人面前不掩飾自己的脆弱。打開你那顆壓抑的心，告訴某個人他們對你有多重要，給予讚美，撫慰自尊，讓柔軟卻真實的那個你展露出來。你所慾求並選擇對之敞開心扉的那個人不見得會做出回應，但這並不意味著，回應不會從另外的方向、以其他的方式發生。不計回報的付出是愛的終極稟賦，雖然掌握它也是要花些功夫的。

努力在每一天當中都營造出親密和愛意。這裡有一份如何讓愛保持鮮活動人的清單：露營、在外用餐、海灘上的燒烤、藝術和手工活動、長途觀光自駕遊、影片或音樂創作、不是生日也可以聚會、放風箏、鮮花、園藝、為我們的冒險拍照、看一看日落等等。

你的實踐會讓這份清單變長。這正是重塑親密關係的美妙之處。多重的伴侶、戀人或友人的裨益在於，你可以在不同的人們那裡體驗到不同的自我。重新審視諸如背叛、出軌或不忠等概念，如果這些概念仍然適用於你的親密關係，問問你自己，這是如何適用又為何適用。通過尊重他們、信守你對他們的承諾、做他們所有人的摯友，你可以練習如何對所有的戀人保持忠實。好萊塢關於榮譽和忠貞的先入之見充斥著我們的頭腦，這並不令人驚訝。我們都被灌輸了有關佔有的父權思想，這也不令人驚訝。但是，若不揭露這些機制是如何為不平等現象助紂為虐，我們就會繼續盲目地將這些機制延續下去。

開放關係是什麼

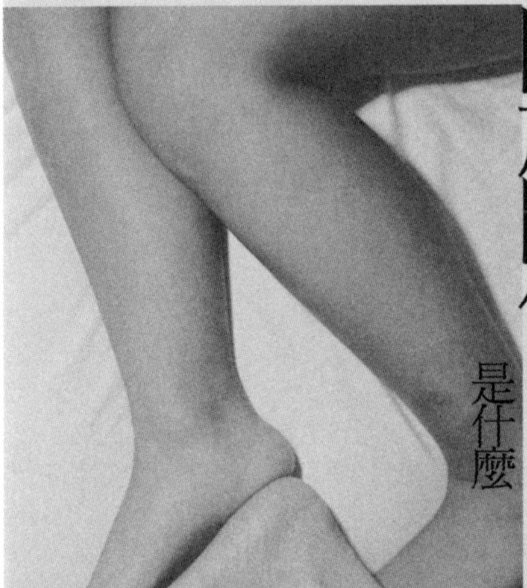

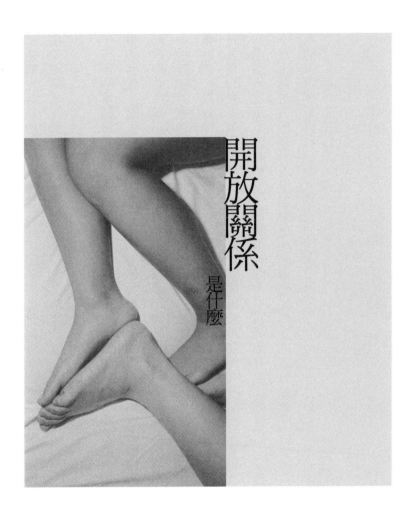

“負責任的非單偶制指的是一種非單偶的生活方式或安排，

其中所有相關的伴侶

都知曉並贊同這種親密關係的模式。”

Kevin Lano and Parry Claire (Editors)

Breaking the Barriers to Desire: New Approaches to Multiple Relationships

不論一個人在多大程度上聲稱自己是單偶的，我們當中的許多人都在生活裡的某個節點上非單偶過——是一次一夜情，也可能是一段長短不拘的不附承諾的交往。我們當中的許多人都贊同過這一想法：即使一段新的關係不一定最終修得正果，它仍然富有意義且不妨一試。當我們尚未進入一段認真的關係，我們可能會在多人之間挑挑揀揀，直至找到如意之選。任何一個對「開放」關係心存狐疑的人，都能在他們自己的生活裡舉出實例，以證明有時候和不止一人約會，是無傷大雅甚至何樂不為的。比方說，當一段長期戀情曲終人散，我們可能會傾向於有那麼一兩段比較隨緣的邂逅，或者「放飛」（flings）自己一兩回，總之別太入戲就好。

這並不是說我們從天性上講都是非單偶的。我相信自己是如此，但我認識的大多數人卻不是這樣。關鍵還是個人的選擇。我是一個心的運動者。開放地去愛其他人，這是我的個人革命所守護的權利。遠在我宣稱自己另類之前，我就已經確知自己的思想、行為、面貌及感受都與眾不同。當我還不清楚從眾（conformity）或現狀（status quo）的意義之時，我內心就已堅信自己不一樣，正常並不是讓我感到親切的東西。

於是我在前青少年期就開始了一個認知的過程，去重新定義一切對我有切身影響的事物。做一個不溫順的人，最重要的並非自絕於大眾，而是自尋生活的道路、不被他人的判斷左右。記得早在九歲的時候，我就已經知道男孩子和女孩子都一樣地吸引我。要是我任由社會的規範對我指手畫腳，那麼我就永無機會去發現和探索我的性別認同了。

作為非單偶者向自己及他人「出櫃」，要比作為一個雙性戀者出櫃更加困難。讓自己的私生活保持私密性當然無可厚非，然而挑戰在於，不要令自己陷入謊言和祕密的泥潭。這個問題我在總結當中會再討論。

社會將處心積慮地給你的人生畫下紅線——規定你的外表，規定你的情感，規定你的目標，規定你的未來。這些規定你會部分遵守，其餘的則會棄之不顧。但說到底，你可以按照自己的意願，去定義你的人生和親密關係的。如果你不珍視這些選擇，也不恪守與它們如影隨形的責任，那麼你將永不得知自己真正的潛能。

親密快測

問問你自己以下問題：

1. 對我而言，理想的親密關係是什麼樣的？

2. 除卻社會文化的規範所形塑的大眾和主流慾望，我到底是誰？

3. 什麼才算是「正常」的親密關係？

4. 在另類而激進的親密關係方面，我有哪些人可以作為榜樣？

5. 我的界限何在，是身不由己還是畫地為牢？

6. 我在怕什麼？

第一章要點

1. 本書無意比較單偶制和非單偶制孰優孰劣。

2. 理解一人無法滿足我們所有需求這一想法均適用於多偶制和單偶制，戀人和其他關係。

3. 性只是實踐愛的其中一種方式。

4. 我們都被灌輸了有關佔有的父權思想，多重關係讓我們重新審視諸如背叛、出軌或不忠的概念。

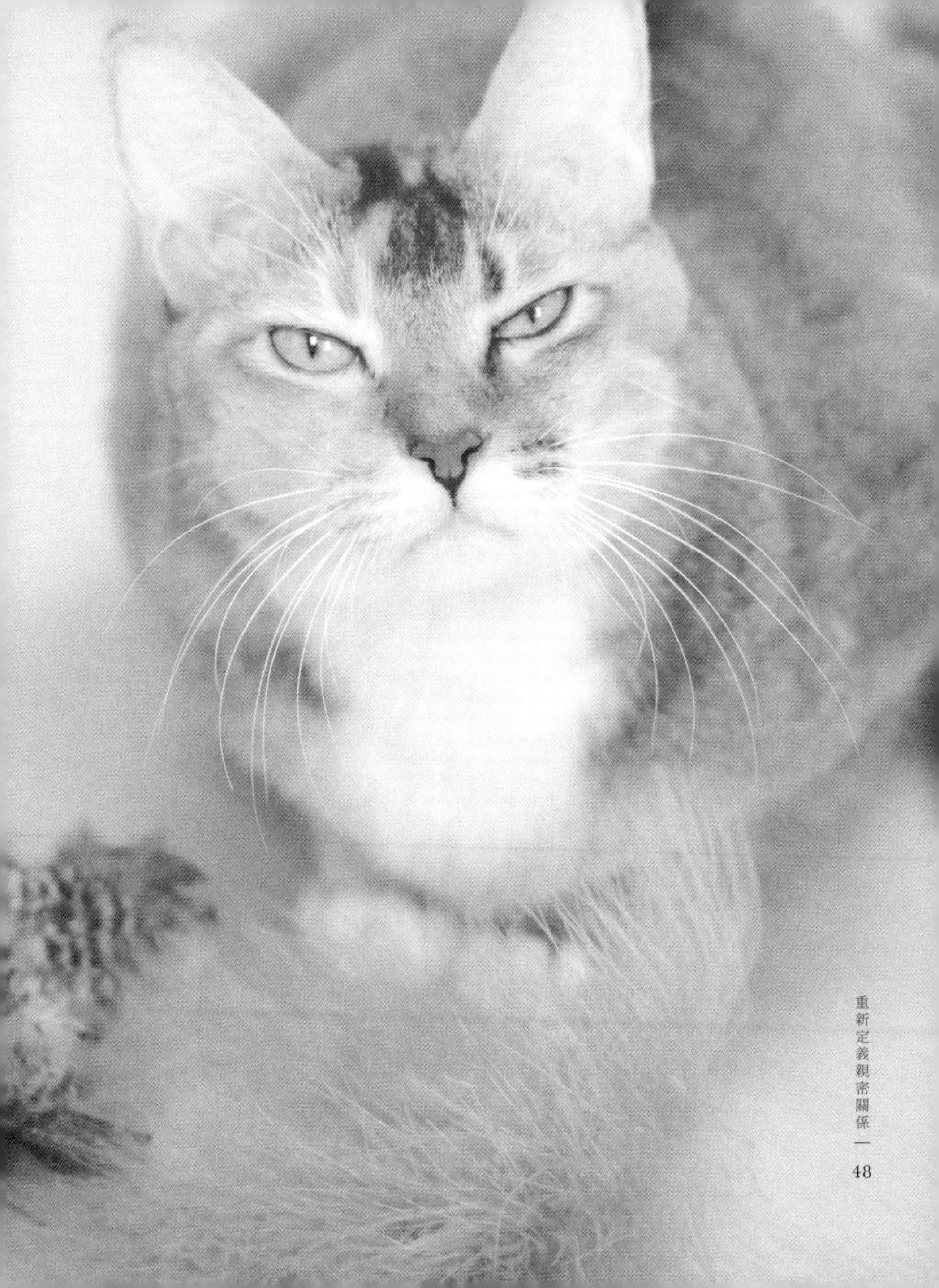

第二章

開放關係的謬誤

“我們今天所知的單偶制婚姻

是基於聖經時代所奠定的模式，

其目的在於維持男人對女人的佔有。

聖經時代的法律規定，

另有所戀的女人將被亂石砸死，

而男人只要負擔得起，

盡可迎娶三妻四妾。”

Dr. Deborah M. Anapol,
The New Love Without Limits:
Secrets of Sustainable Intimate Relationships

開放關係不僅意味著開放的性關係。對於實踐獨樹一幟的親密關係的人們而言，這話似乎顯而易見，但許多人都誤解了「開放」在這裡的所指。對一個人表達愛意的方式不計其數——性只是其中較為容易的部分。讓你不再循規蹈矩的，是你在眾多層面上（依偎、擁抱、傾聽、情書、交流靈感等等），富有創意而不知疲倦地去做一個充滿愛意的人。與其說開放關係的核心是性愛，不如說它的要點是知情同意、誠實守信、後果的承擔、佔有慾的克服、做一個支持者和溝通者。你要覺察自己對開放關係的刻板印象。只要尊重自己和保持光明磊落，你就可以自由地按照內心的渴望去定義你的親密關係。

開放關係是一種生活之道。它是一種多重的伴侶關係，涵蓋了日常生活在經濟、政治、社會乃至哲學上的另類抉擇。非單偶關係並不等同於馬拉松式的性愛，它也不是閱人無數方可勝出的性競技或性遊戲。負責任的非單偶關係是對你內心真正渴望的表達，是你靈魂的呼聲。

初認識開放關係的人們常有的另一個錯誤認知，那就是關於承諾。負責任的開放關係，要求對一切戀情的未來，都至真至誠地信守諾言。非單偶者未必是些水性楊花、來者不拒「生活作風不檢點、行為不端的人」。事實上，要不是參與其中的所有人都能恪守誠實、溝通、耐心和努力，開放關係根本就無法運作。非單偶制的伴侶們不過是願意與不止一人（主要伴侶、友人、戀人、筆友等）投入到鄭重其事、一諾千金的關係當中。

還有一個同樣讓人灰心喪氣的錯誤認知則是「睡過就沒法做朋友」這句俗話。如果你沒有和這位朋友事先奠定信任與溝通的良好基礎，或者你原本就不對這友誼抱有認真的態度，那麼此話倒也不假。我和每一位戀人都是從朋友開始的。如果你願意與朋友們就各自的期待（不論理智與否）展開溝通並尋求理解，那麼你可能會驚嘆於友誼變得更親密、更性感、更心心相印的潛能。別忘了，性只是表達愛意的萬千方式之一。在各式動機和隱祕訴求的背後，一定要有一種對單純友誼的堅守。

新的說法應該是：「與朋友的親密永不會導致分手，因為隔天醒來這友誼還會繼續」。

另類親密關係既不輕鬆也不簡單。它需要嚴格的溝通技巧，並為管理演化中的人際關係而不斷重新實踐、不斷調整。它需要殷勤地去消除疑慮，需要對愛本身有一種忘我的信念，需要在巨大挑戰面前仍然保持學習的能力。它是克服嫉妒心的一場持續掙扎，也是一次拆解內置社教化如何奠定或影響我們感知情感的長征。

如此種種皆非易於理解的概念，要在一段開放關係伊始就對這一切瞭如指掌則更為困難。另類親密關係提供了你為自己自行做出道德抉擇的權利，去選擇什麼東西在根本上適合你。你如何度過你的一生、處置你的身體、駕馭你的心靈，這都是你個人的選擇。但是，儘管你有選擇的自由，你也必須時刻意識到自己給他人造成的影響。你的決定確實影響著你的伴侶和戀人，因此不可漫不經心。

第二章要點

謬誤	正解
開放的性關係。	開放關係涵蓋了日常生活在經濟、政治、社會乃至哲學上的另類抉擇。
非單偶者都是水性楊花。	負責任的開放關係需要嚴格的溝通技巧及信守承諾。
睡過無法做朋友。	只要展開溝通尋求理解，友情還會繼續。

第三章

迎戰嫉妒心

“許多人都以為，

性的佔有慾是個人與社會演化的一個自然結果，

他們於是以嫉妒為藉口，

為自己失去理智、

不再去做一個有責任心和道德感的人而開脫。

在妒意的脅迫之下，

我們放任自己的大腦被這藉口催眠，

錯把我們的行為當作本能。”

Dossie Easton and Catherine A.Liszt,
《道德浪女》

嫉妒是一頭惡獸。任何體驗過妒意、或曾被他人妒火所殃及的人，都知道它的可怖。它只會讓相愛的人們分崩離析，給你自己也給他人帶來巨大的情感傷害。嫉妒心也是一種許多人都曾與之搏鬥的情緒。然而，恰恰是你對這些情緒的處理方式，將會成就或者敗壞你的戀情。我們當中的大多數人，在內心深處，都希望妒意、懷疑和憤怒能夠消散。如果你打算投身一段開放關係，那麼迎戰嫉妒心將是你的必修課。

奠定信任是千里之行的第一步。信任意味著託付於你自己，也託付於一個無論發生何事、都能與之分擔的人。有時候這可以很簡單，你只需對自己或他人擲地有聲：「我可以。眼下可能是困難或者不快的，但我能夠處理好。我不怕。」若能在這場風暴中穩住陣腳，更為嚴峻的時日裡你就會信心倍增。

關於嫉妒心，一位朋友這樣寫道：「它也可以成為自我探索的大好時機。我把妒意視作一種指標性的情緒。通過誠實地探索到底是什麼讓我心裡如此翻江倒海，我總能深化對我自己和我所求的理解；通常還能對伴侶（們）更深刻的理解與聯結。這就像是抽絲剝繭，直至發現其中奧妙。舉例來說，我可能因為戀人沒有帶我一起外出而感到嫉妒。然而，細想便知，我是因為戀人不在身邊而感到孤獨和沮喪。如此一來，要緊的就不是我的戀人在做什麼或者與誰為伴。要緊的是我自己不能閒著。要麼好好獨處，要麼呼朋喚友，我必須對這段時間善加利用、排遣寂寞。而這讓我有力起來。我也因此有機會去思念一個我願意與之共度時光的人。這思念能夠把掌控化作珍惜。通過為受傷之感找到解藥，我讓自己變得強大，這不同於困在嫉妒心的死胡同裡——在那裡感到受傷的那個人只會埋怨和抨擊。」

理解嫉妒

妒意往往代表著它表象之下的其他東西。你要自己去檢視和定義它，挖掘這感受的根源——就像上面提到的抽絲剝繭那般。你要想想新的辦法去處理不同階段的嫉妒。首先內省，理解這些情緒從何而來，然後向朋友、戀人或你自己那裡尋求安慰（而不是責備）。為你自己的感受負責——你的感受只屬於你自己！這是自我接納的第一步。用另闢蹊徑的方式，支撐你內心的安全感，篤定你對伴侶的愛和信任。如果你當真認為伴侶的人身不是你的財產，那麼最終你必須依靠你自己、也為了你自己，去確認你內心的愛意。

嫉妒心是無法徹底剷除的，但你可以培養新的習慣，以取代那些只把你引向更多憤怒、痛苦和遷怒他人的負面做法。別再要求你的伴侶或戀人證明他們的愛——對愛的真正考驗是首先愛你自己。通過練習，隨著時間，你將會獲得自控的能力和對自己更深的了解，而不是一再被捲入妒意的漩渦。正如一位好友所言：「生活永遠充滿挑戰——而如何（以及是否）正視這些挑戰，則是我們自己的選擇。」

一個不嫉妒的伴侶或戀人同樣有責任去傾聽、強調、支援、提供安慰乃至表達關懷。有時候，一個不嫉妒的伴侶可能因為其伴侶所表達的妒意而倍感歉疚，因此，治癒你自己的方法之一，就是幫助你的伴侶去治癒——這是相輔相成的。在最為嚴峻的時期，伴侶或戀人的不離不棄，彰顯的是他們對你深刻的接納與愛意。

把你的關心表達出來，把你對他或她的重視表達出來，肯定對方在你生命裡的不可或缺。這可能意味著，當你的主要伴侶深陷心理危機，你要重新安排和其他戀人的約會時間，或者派人送去一束鮮花。要讓對方感到，他們值得你這麼做。但要記住，你只能向他們表達你的感受，而不能要求對方必然要如此感受。

管理嫉妒

我發現寫日記對保持情緒健康、尤其是管理負面情緒非常有用。對嫉妒、憤怒、失望、羨慕和自憐等情緒而言，詩歌、繪畫、音樂和靜思都是積極而有益的出口。去健身，去散步，去騎車，去泡個熱水澡；給你的妒意一個消散的管道。把壓抑已久的憤怒與傷痛轉化成一些給自己的獎賞。不要因為自己具有人之常情就懲罰自己。要給自己機會去學習和慢慢改善。自我照料，滋養情緒，從內心培植愛，這樣別人才能在你周圍播種更多的愛。

妒意上頭就止不住胡思亂想，或者就對伴侶無端猜忌，這樣的傾向最該警惕。事實上你無從得知，關起的房門背後到底何事在上演。既存在柏拉圖式的戀人，也存在相擁而眠的夥伴，既存在以吻示愛的知己，也存在寄情於書的筆友。痛心疾首的假想場景只會導致荒唐的指控。你和伴侶都值得採取更合理的策略。基本上，胡思亂想和無端猜忌是破壞性的，只會讓你的不安全感雪上加霜。

如果你在生活中尋求的是愛和充滿意義的聯結，那麼你應當允許你的伴侶也有同樣的自由。想像一下你的伴侶成為一個愛意滿滿的朋友，而這是他或她有能力、也值得去做的。你或許永遠無法徹底擺脫妒意的暴政，但你可以練習健康的應對機制，它會加強你對這種情緒的整體理解，也使你的親密關係保持穩定。以下是一些迎戰嫉妒心的建議。

如何抗衡妒意

- 承認你感到嫉妒。
- 把這當作一個增進自我了解的機會。
- 嘗試向一位你所信任的朋友坦承你的感受並尋求理解與支持，在這之前不要與伴侶或戀人談論此事。
- 為自己留出優質的時間，然後為伴侶或戀人留出優質的時間以分享感受。
- 描述你對伴侶的所需以尋求安慰，但不要訴諸責備或不理性的最後通牒。
- 牢記你需要愛自己。
- 寫日記，檢視自己的情緒，找出你從嫉妒的感受中有何收穫。不要以為把這一切掃地出門，它們就不會捲土重來——要從你的不安全感中去學習，準備好下一次變得更堅強。
- 彌補過失。一定要以擁抱和真誠的道歉來修復關係。做個寬恕的人。

來看一個女人的故事：

「有一次我勾搭上一個很棒的男人。我們相處甚歡。一開始，他就攤牌說那陣子他沒辦法交女友。他當時的情況是正處在一個自我反省的關鍵點上——在思考他要成為什麼樣的人，以及如何成為那個人。這當然是令人欽佩的追求，也是讓我對他多有垂青的原因之一。但這也意味著有時候我不能在他家過夜。他邀請朋友的時候並不總是叫上我，他去外地時也不一定會告訴我。我們待在一起的時間不算少，對彼此也有感情。可就是時機不湊巧。」

「然而就在那些我不能去他家過夜的晚上，我會產生嫉妒的感覺。對此我以往學會的辦法就是，讓戀人和我一起承受嫉妒之苦——我會指控他，沒完沒了地要求他做出解釋，他必須以我想要的方式才能安撫我。這個辦法在過去就捉襟見肘。我把自己的心情搞得糟糕透頂，也把我所愛之人的心情搞得糟糕透頂。誰會願意心情總是糟糕透頂呢？」

「所以這一次，我決定告訴他：『好吧，我真的很喜歡和你睡覺或者和你一起做飯什麼的。但是我要回去了。過幾天我們再聊吧。』在妒意所導致的僵局當中，知道冷靜後再溝通是大有助益的。接著我會騎一段長路回家，一路上都在問我自己：為什麼我會感到困擾？要是我真的相信他對自我的追求，要是我了解他越是自我擁有（而不是自我中心或自我封閉），他就越會成為一個加倍珍貴的伴侶和朋友，那我為何還要吝嗇給他留出空間呢？」

「這當然有點打擊自我。但我知道對於任何親密關係而言，自我（因為它的淺陋）都是令其搖搖欲墜的主因。所以我能夠克服這點（就像抽絲剝繭更進一層）。但是然後呢？什麼東西仍然在嚙咬著我。你瞧，我是剛剛步入這個社群，而他已經身處核心。和他交往就像是駛進了一條通向遠方風景的快車道。意識到這一點，我很快重新站穩了腳跟。我會拼盡全力來重獲這種腳踏實地的感覺。從我自己的行動的初衷出發，我能更快抵達目的地，也能從容應付途中出現的任何事。到家的時候，我已經完成了整個抽絲剝繭的過程，一顆珍珠顯露出來。我自己的珍珠。又一處空洞被填滿了，我不再需要他來充當我的安定之錨，但我仍能享受與他相伴的快樂。」

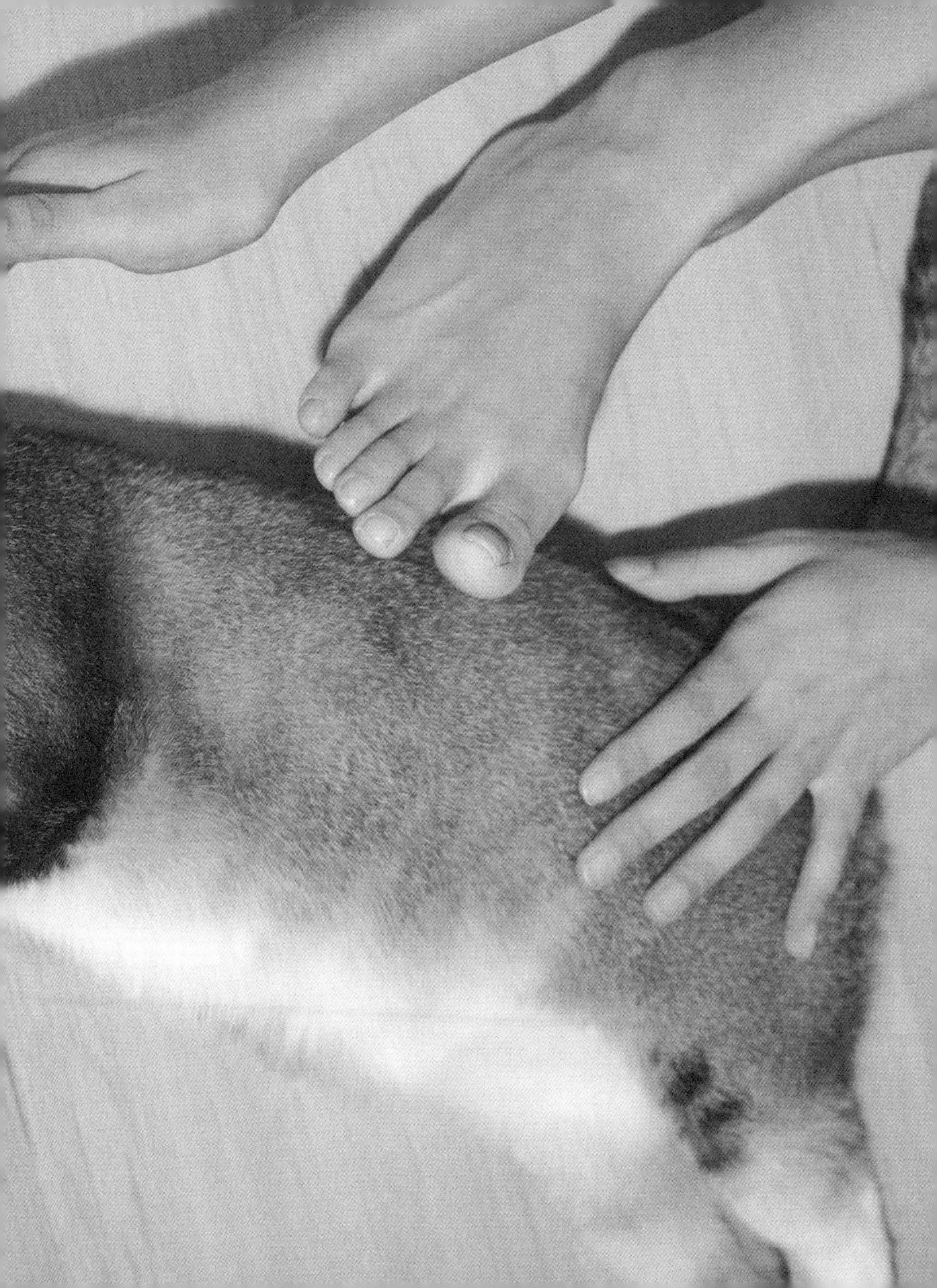

第四章

實踐開放關係

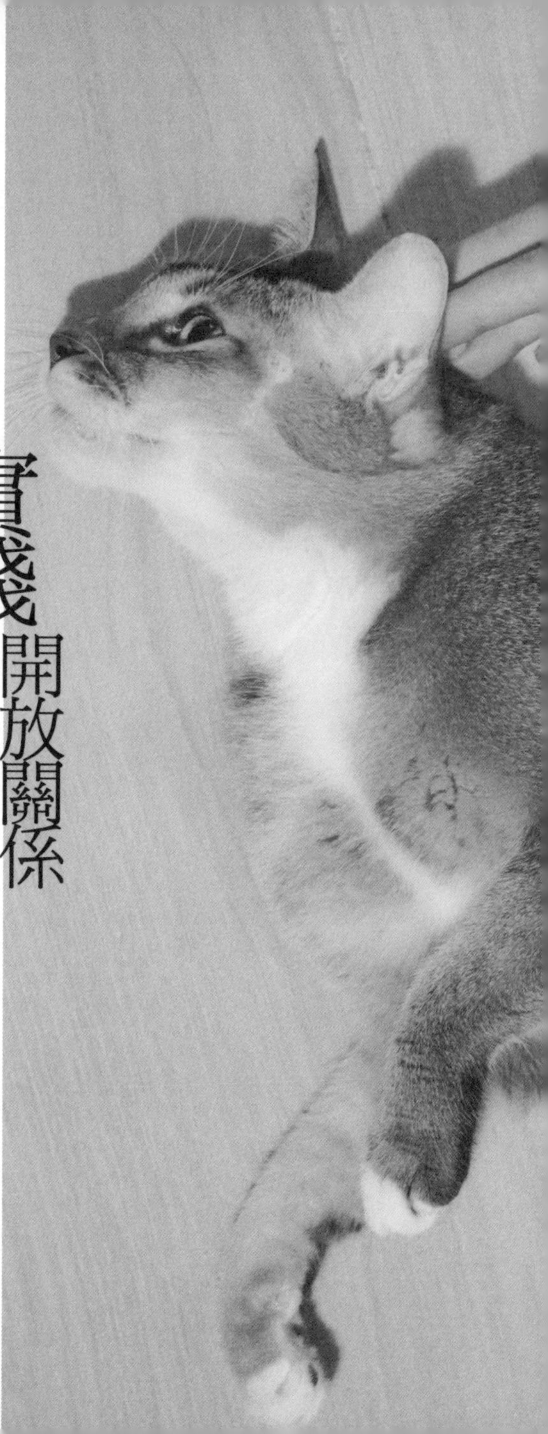

我一再強調戀情開始就坦誠溝通的重要性。新的親密關係可能有不同的走向，所以你要想清楚對一個人的真正所求，你能給予的是什麼，你所期待的又是什麼，你想和他們發展的關係是全心全意還是逢場作戲。和你新的朋友或戀人討論這些想法，在短期或長期承諾的嚴肅性上，花一些時間去好好認清你們是否彼此贊同。

基於我自己的經驗，我建議在一段嚴肅關係的最初一兩年內，可以考慮不要發展更多的外部戀人，以便與現有伴侶奠定重要的信任基礎。持久戀情的可靠根基不是一蹴而就的。要在初始階段強化兩人之間的紐帶，辦法之一就是控制有深入接觸的性伴侶的數量——這樣當你們最終開始各自尋求其他戀人，你們就擁有強大而堅實的家底可以退守。你和伴侶將有安全感與確定感，深知自己在對方生命中的分量。

我們被教導說，在「正常」的親密關係當中，嫉妒、佔有、掌控和依賴都是理所當然的事情，而這幾點也是許多人最大的恐懼所在。剖析你的恐懼、不安和負罪感。檢視這些情緒的根源，檢視它們如何以及為何形成，檢視那些影響了你愛情觀的境況。我們當中許多人所秉持的，都是小說裡或者電視上虛幻的愛情觀。

在健康而理想的親密關係當中，我們需要培養彼此連結的能力，在保持各自愛與被愛之自由的同時，學習共生共存。在你向外生長並滋養其他花園之前，先要耕種的是你內心的園地。如果基石堅固不動，你們都知道立足之地堅不可摧，那麼就算掀起了情緒的驚濤駭浪，長期的伴侶們也會安然無恙。

要是你在一段嚴肅關係之初就去和其他人交往，你又怎能獲得成長並逐漸建立起對一個人的愛與信任？部分開放的關係可能是這種另類愛情在初始階段唯一可行的選擇。一段持久的關係的架構是循序漸進、一磚一瓦地搭建起來的，直到你能自然而然地走向開放的階段，能夠與你的伴侶共享戀人，或者僅僅分享性或其他親密的體驗。部分開放的關係可能意味著限制你與新戀人的親密程度。例如，擁抱、親吻和情書是可以接受的，但發生性關係、或者一星期有兩至三晚不回家，尤其在你們同居時，就是不可接受的。

通過積極實踐你內心的渴望，同時也允許你的伴侶以別的方式滿足他們的需求——不僅是肉體的需求，還包括愛、友誼、支援等等，你可以學會如何面對親密關係的現實與本性。有時候你的伴侶可能就是關閉了心扉，不論原因何在，他或她就是暫時失去了付出的能力。不管這有多麼痛苦，你也必須欣然接受。也正因為如此，我們知道我們的伴侶、戀人或朋友需要與他人聯絡，我們也鼓勵他們這麼做。

夥伴網絡——伴侶和情人以外，你也需要朋友

夥伴網絡（The Buddy System）是我們從小就會的本領，長大了卻往往棄之不用。在主要伴侶或戀人之外有一位親密的朋友，這可以確

保你在情緒起伏時有人相助。向知心的友人求援；這是承認單獨一人無法滿足我們所有需求的核心步驟。生活中，我們需要不同的人、以不同的方式與我們互動。把夥伴網絡找回來吧。我們傾向於依賴伴侶，然而，有了其他密友，在最脆弱的時刻，就有人可以分擔，這對療傷和走出覆轍都至關重要。向外尋求情緒上的支持或安慰，給其他人機會來為你分憂。當你對自己的感受負責時，你就朝著學習、成長和前進邁出了第一步。他人無法治癒你的痛苦，這痛苦只屬於你自己。你要找到辦法，披荊斬棘，勇往直前。

第四章要點

1. 建議在一段嚴肅關係的最初一兩年內，可以考慮不要發展更多的外部戀人，以便與現有伴侶奠定重要的信任基礎。

2. 剖析你的恐懼、不安和負罪感。檢視這些情緒的根源，檢視它們如何以及為何形成，檢視那些影響了你愛情觀的境況。

3. 摒棄小說裡或者電視上虛幻的愛情觀，面對親密關係的現實和本性。

4. 在主要伴侶或戀人之外有一位親密的朋友，這可以確保你在情緒起伏時有人相助。

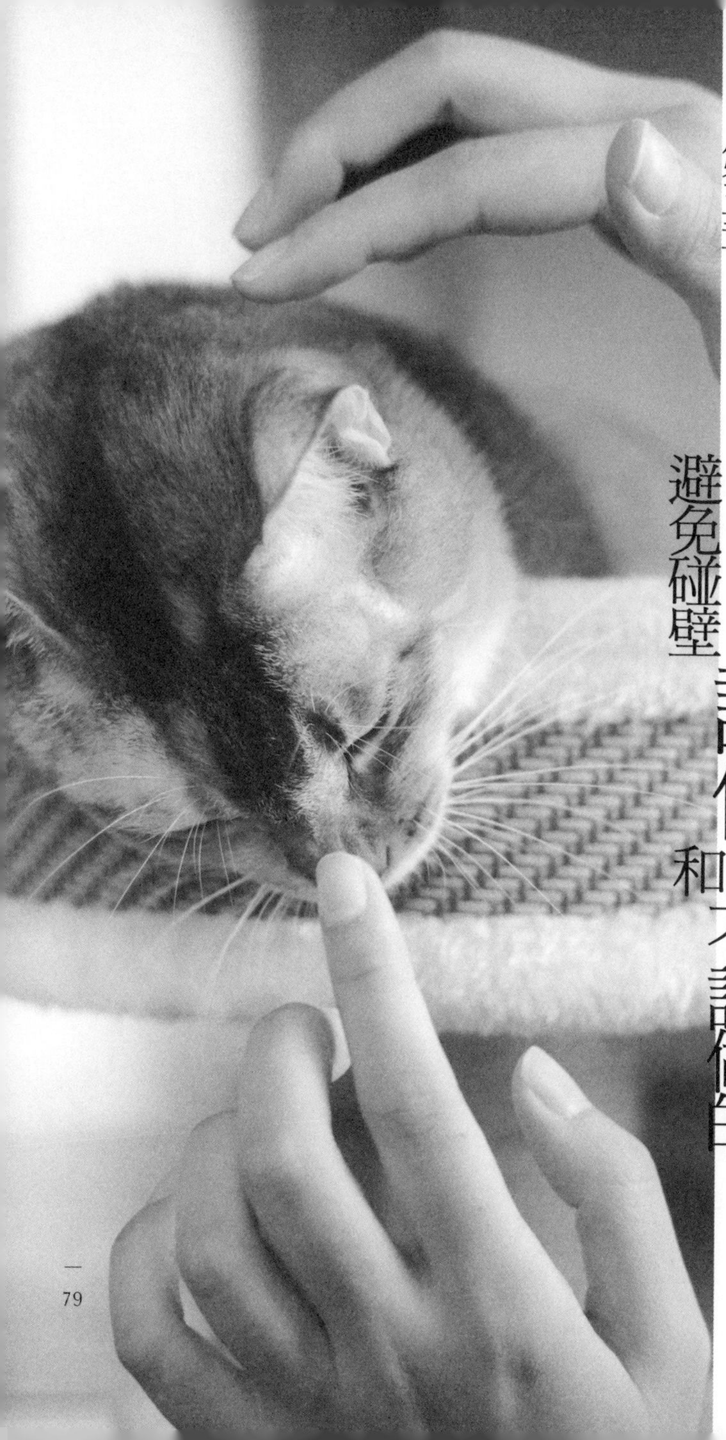

第五章

避免碰壁 該做和不該做的

當你尊重已有共識的邊界，你就奠定了長期信任的基礎，而這是開放關係的核心。這份清單可以幫你初步了解，想要在另類親密關係中奠定信任，都有哪些該做與不該做的。每對戀人都必須從一開始就決定他們自己的規則，方能避免信任危機和情感傷害。關於如何處理和設定個人邊界，每個朋友、戀人或伴侶都會自有想法，因此這將是一項永在進行中的工作。

- **進行安全性愛：**對你自己的身體負責，也對你接觸的身體負責，我們的生命有賴於此。
- **尊重空間邊界：**和伴侶討論與其他戀人進行怎樣的身體接觸才是可以接受和充滿尊重的，尤其是當你們住在一起，或者你和伴侶共用空間的時候。商量好當伴侶和戀人一起出現時（例如在聚會、演出和酒吧），相互尊重的親密互動或身體接觸的界限何在，以便事到臨頭你就能夠進退有據。例如，當你的伴侶和戀人出現在同一個聚會上，分別與他們擁抱和閒聊也許無可指摘，但你要考慮你的一舉一動和公然示愛，有可能帶給他們其中一方的感受。

劃定一個中立地帶，或者一個你們雙方贊同的安全或神聖空間。舉例來說，可以考慮一下哪些地方是不容你和外部戀人的性愛所染指的（例如，主要伴侶的床榻、屋舍、車輛）。

- **「24小時」規則**：這一規則的設立是因為我和我的主要伴侶都認為，你不可能在少於24小時的時間內充分了解一個人。我們都同意在與一個你不甚了解的人滾床單之前，存在很多需要討論的問題，以及有待澄清的事項。在沒有足夠時間相互了解、全面說明你們關係性質的情況下，我建議不要和新認識的人更進一步。在關係之初便對新的戀人以實相告才是公平的，如此才不會誤導他們，使之以為你與主要伴侶的感情時日無多，他們可以趁機取而代之，或誤會你在尋求另一位主要伴侶。一位新的戀人要有時間（數日甚至數週）來決定他們到底想不想與你交往，這才堪稱公平。

・**開誠布公：**對你所有新的戀人和現有伴侶，都要誠實地說明你的感情狀態。可別把開誠布公與口不擇言相混淆。例如，你可以說「抱歉沒接到你電話；我手機沒帶在身上」，而不是「我手機放褲兜裡了，褲子脫地上了，我當時正在啪啪啪」。你可以用充滿愛意的方式表述你為自己所作的決定，同時又能照顧到你伴侶的情緒和不安全感。說到底，我們都是敏感的生物，所以我們要對自己的言辭、對共度時光的他人、乃至對我們所作的決定更加用心。

不要撒謊。不要隱瞞其他的友誼、戀人或伴侶。你可以不把每段關係的所有細節都和盤托出，但絕對不要隱瞞你的去向、你和誰在一起、以及你將何時歸來。一旦你在謊言的道路上邁出第一步，信任危機的深淵裡你就將萬劫不復。

· **安慰與溝通**：所有的伴侶、戀人、朋友、相擁而眠的夥伴都應該得到安慰並擁有溝通的時間。鍛鍊你內在的那個積極傾聽者。任何讓你困擾或憂慮的事情，都應該在日益發酵成怨恨與不安之前，得以講述。不要總是寄望於人。你與他們的聯結要保持清晰。學習如何去尋求安慰。不要期待別人來讀懂你的心。騰出專門時間來處理你的需求、疑問或關切。對方離家上班之前的匆忙時刻，當然不適合進行這樣的深入交流。留出時間來給受傷的情感，傾聽，給予愛，克制自我捍衛的衝動，給他人以安慰，願意了解他們的痛苦。和伴侶討論你與別人的互動如何才能不造成伴侶的不快，以及你們想為彼此保留的專屬領地何在。絕對不要質疑伴侶的感受。

只要有可能，就要多花一些時間，做出明智的選擇，而不是被荷爾蒙所蠱惑。討論風險因素、性經驗史、性傳播疾病、曾經的強暴或虐待、性的限制、你在身體上或情感上能與不能承受的做法、哪些事情會觸發你的不安或恐懼。要是你不喜歡一夜情，那就明確說出來。性的重點不是征服。從一開始就應坦誠。當然了，對一個只聊了十分鐘、或調了調情的人，我們誰都不會袒露自己的一切。這樣的「對話」應該找一個恰當的時間。新的戀人有權知道你是否「可以」，以及這個「可以」具體的所指、限制和應允。一定要澄清意圖和動機，澄清你對這一新關係的所求。

時機就是一切！尋找一個你和戀人都有空交談且心情愉快的時機。這樣的交談不應是在壓力之下、狂歡當中或雲雨過後。

學會用溝通來做愛。花一些時間提高說話（甚至寫信）的技巧。你會驚訝於即使在全無身體接觸的情況下，字詞也足以觸動並愛撫一個人。

- **毒品/酒精**：與戀人的肌膚之親，最好是在精神清醒之時所作的決定，而不是在酩酊大醉後草率行事。想一想你自己曾在毒品或酒精的影響下做過多少蠢事。問問你自己，要是你的伴侶也在毒品或酒精影響的狀態下作親密行為的決定，你又將作何感想。

- **動機**：首先要尋求的是友誼與愛。在我看來，很大程度上讓開放關係得以運作的，是你心裡明白，所有的戀情，首先是並且最終也是，對友誼及愛的聯結的追求。你需要持續檢視自己的動機和性衝動，尤其當你是一個著重性、愛調情、渴望與他人進行頻密的身體接觸的人。

- **隱私**：絕對不要向伴侶或戀人吹噓你與其他人的私密關係。你與所有戀人的個人體驗都屬於隱私。不是每個伴侶或戀人都想聽到、或能夠在情感上接受你風流韻事的細節。要不要分享與他人戀情當中關於肉體吸引和肌膚之親的那部分，這是你和伴侶或戀人需要事先討論清楚的。

‧**短時間在不同性伴侶間切換（Bed-Hopping）的規則**：在戀人和伴侶之間，不論在情感上還是肉體上，盡量不要短時間內在性伴侶之間切換。確保你有充足的時間來處理你的情緒，讓一切平復，再朝著另一方向前進。短時間在不同的戀人間切換會造成情感上的混亂。說起來雖然顯而易見，但你應該在約會不同戀人的間隙洗個澡，為另一個神聖之地和神聖之人而整潔身心。寫一封情書，散個步，在回家（或回到床邊）投入伴侶懷抱之前，理清心緒。這個鄭重的姿態是他們應得的，事實上，你也希望陪伴所愛之人的時候，自己是全心全意的。

‧**持續回顧及重新定義所有邊界**：時常回顧你們的邊界，推陳出新。伴侶、朋友和戀人都要樂意時常討論，以決定現有規則是否仍然有效，是否需要添加新規或修改舊條。我們的需求會隨著親密關係的演化而轉變——我們的邊界也要反應這些演化。不要被無關之人的意見所挫敗。你要做出屬於自己的抉擇。

· **己所不欲，勿施於人**

· **留張字條：** 雖是老生常談，但如果你和伴侶同居，而你預計將會夜不歸宿的時候，一定要留張字條，或者打電話留個口信。我們是習慣的生物，如果伴侶沒有回家，我們定會為之擔憂。別讓伴侶為你的安危而提心吊膽，打個電話吧，不論時間早晚。通過練習，這會成為你的第二天性，長期而言，你會因為伴侶的安好而感到欣慰。一定不要無故失聯，尤其當你們住在一起。你對伴侶是有責任的。這意味著對共同未來的承諾。如果你對此鄭重其事，那麼留下聯繫方式，就是允許對方在情況緊急、需要安慰或事關重大的時候找得到你。說到底，發生任何重要的事情，你都希望能為伴侶提供支持。

· **氣頭上，勿行動：** 不要出於對伴侶或戀人的氣憤或報復，而與別人發生關係。

- **共享**：假如你和伴侶雙方都對同一個人感興趣，那就要麼共享，要麼找個舒適的辦法，確保分而無爭。一開始就要下定決心，別讓這件事成為你和伴侶之間的障礙。

- **相擁而眠的夥伴**：相擁而眠的夥伴永遠不嫌多。

- **性、性接觸、知情同意的親密**：所有的性經驗都是神聖的。從擁抱和親吻那樣的純真舉動，到性交以及口交，你關於性行為各方面的邊界，都要找對時機加以探討。有些事情，你可能只會和主要伴侶而非其他戀人去做，反之亦然。想清楚哪些體驗目前暫時不要分享，討論可以向伴侶提出哪些合理的要求，而哪些東西則需要更多時間去協調。

一個雙性戀女人寫道：

「我男朋友仍然對我和其他男人的性接觸有意見。我們不想因為這事就分道揚鑣，所以我答應只和女人發生關係。我還是可以依偎、親吻，用我願意的方式表達對其他男人的喜愛，但我明白他目前仍在與自己的妒意搏鬥。我們會時不時地聊一聊這件事，評估一下現在的狀況。重新定義邊界和重新檢視關係的過程，對我們來說是一種持續不斷的探討。」

去愛任何人，不論何地，不論何時，不論以何種方式，我是這一權利堅定的信仰者，但即便是愛的聯結，也在親密行為上有它的邊界。這些亮起的「紅燈」包括，和你伴侶或戀人的密友或熟人，過於親密甚至發生關係。這些時候，應當謹慎——哪怕是與之相關的無意之舉，也可能在你和伴侶之間引起莫大的緊張、誤會以及嚴重（甚至不可逆轉）的傷害。在那些你和伴侶覺得可能危害你們關係的人跟前懸崖勒馬。我和伴侶就嘗試盡量不要和醋罈子交往，因為我們已經見識過由此引發的風波。對另一些伴侶們而言，諸如樂隊成員、摯友、室友或家人，則是需要止步的地方。

你可能會想，隨心所欲是最好不過，但我強烈推薦，在把你對新歡的慾望付諸行動之前，要和伴侶溝通，事先知情同意。這期間你可以磨練耐心，好好思索你的慾望，考慮你行為的後果。問問你自己，要是你的伴侶和你最好的朋友在一起了，你會怎麼想。起初可能是痛苦的，頭幾次再見到這位朋友你會覺得尷尬，你也可能擔心伴侶和這位朋友對你閒言碎語，或者你會暗中嫉妒伴侶對戀人的選擇。但也有可能，這綿延的親情和聯結感，將以一種深不可測而妙不可言的方式，讓所有人更加親密無間。

- **你屬於你自己**：沒有人能夠擁有另一個人。你並不是一件能被囚禁起來的性財產，任人擺布和把玩。沒有人能夠鎖住他人的身體和愛。開放關係的終極目標，就是不帶佔有地去愛另一個人。

一個女人寫道：

「我可能不贊同我伴侶的選擇，這我當然會讓他知道，但他是自由的，不管有沒有我的允許，他都可以如願行動。我把這看作是我們對他人行使權力的另一種方式。如果這個人是我反對的，我的伴侶會考慮我的意見，但他仍會做出自己的選擇。」

- **不許出現對手**：這是一位朋友的建議：「重要的是不能出現二人對壘的局面。任何不能接受我的主要伴侶在我生活中的主要地位的人都應被小心處置。這可能意味著，和那些會挑戰你對主要伴侶之感情的人，或者和那些不接受你與他們關係之限度的人，你都不要陷得太深。任何人要是不能接受我的主要伴侶是我生命中無與倫比的一部分，那麼我都不願意、也沒辦法和他們走得太近。」

・**學會愛你自己**：自愛首先會增強自尊。和自己有個約定，你會一直努力地愛自己，而不是指望別人讓你有被愛的感覺。積極而堅定的自我滋養、自我關愛和自我照料是建立一個人自信心的第一步。舉例來說，我愛自己的方法是在緊張的一天過後泡個熱水澡，盡我所能地讓自己從頭到腳地放輕鬆。我每天愛自己的方法還包括吃健康的食物，照顧好自己的病痛，對自己和善一些，給自己應有的溫柔，同時還要常做運動。每個人愛自己的方式都不一樣，所以，發揮你的創造力吧。

第五章要點

該做的	不該做的
進行安全性愛	說謊及隱瞞
尊重空間邊界，劃定中立地帶	口不擇言
給予新戀人數日甚至數週來決定是否要與你交往	在未有足夠時間相互了解前進行性愛
誠實說明感情狀態，身體或情感上的限制	隱瞞其他的友誼、戀人或伴侶
騰出專門時間聆聽、安慰和溝通	在壓力之下、狂歡當中或雲雨過後進行深入交流
學習主動尋求安慰	寄望別人讀懂你的心
首先要尋求的是友誼與愛	只著重調情及頻密的身體接觸
與伴侶或戀人事先討論是否要分享其他戀情的性愛部分及分享的程度	向伴侶或戀人吹噓你與其他人的私密關係
確保在面對不同的性伴侶之間，你有充足的時間來處理你的情緒，全心全意陪伴每個所愛之人	短時間在不同性伴侶間切換
持續回顧及重新定義所有邊界	因為氣憤或報復而和別人發生關係
己所不欲，勿施於人	
向伴侶負責任，留下聯繫方式，讓他們可以找到你	
小心處理想挑戰你和主要伴侶關係的人	
你屬於你自己	
學會愛你自己：不要在毒品或酒精影響下進行性愛	

第六章

一肚氣時，學學這樣做

在反思如何處理衝突時，我有一些普遍適用的建議。從一開始，我和伴侶就同意，唇槍舌劍或者怒火中燒的時候，我們是不可能找到積極的解決辦法的。我們選擇等到負面情緒消散之後，再留出優質的時間來討論我們的問題。心煩意亂或與全世界為敵的狀態下，我們不可能處理好任何事情。避免做出「你總是」或「你從不」這樣的指控，說清楚自己的感受，該彌補就彌補，該道歉就道歉，而且要真誠，之後給對方擁抱，學會排解憤怒。即使你不同意，也要承認對方的感受——現在不是辯白的時候。用「我覺得」、「這感覺就像」來表達和修飾自己的情緒，不要說「你讓我覺得這樣」。

50-50規則

關於分擔責任、解決問題乃至達成妥協，我和伴侶實行的是「50-50規則」。當衝突出現，我們會留出時間來討論到底是什麼令我們煩擾。我們會採用上面提到的那些溝通技巧，然後我們各自都同意解決方案的一半。這聽起來比做起來容易，因為我們在爭論中往往都覺得真理在握。但50-50規則表明，我們各自都對錯誤負有一半責任，也對繼續下去和找到出路負有一半責任。舉例來說，我們結束爭端的方法往往是一方先講：「我會更加努力，讓你不再害怕失去我，我也會練習做一個更好的傾聽者，因為我了解你的感受。」另一方則回答：「而我這邊呢，我會早一點讓你知道我的不安全感，而不是壓抑這種感受，結果讓我們的關係更加緊張。下次我會把事情往好處去想，相信你是因為太忙而忘了回電。」

我和伴侶發現，爭吵之後說一句「抱歉」並給對方一個擁抱，往往能夠很快推倒我們之間那堵怨氣和怒火的高牆。

和而不同

我們大多數人一直受到的教導是，處理分歧就要用目標導向的方式

（於是也就有了贏家和輸家）。這麼說也表明，我們每個人都是以衝突的解決為終極目標。不幸的是，過去這些年我逐漸學到，這一思維方式過於簡單，不免讓人深感挫敗。實際上，引起衝突的問題往往永遠也不能徹底解決。有些時候我們必須和而不同。舉例來說，我和伴侶之間有些反覆出現的問題至今沒有答案，我們需要接受這種狀況。沒有哪兩個人能在所有事情上步調一致。最終解決方案的缺失並不表示你們的關係一敗塗地。和而不同僅僅說明，你們雙方都為這件重要的事情嘗試了溝通，但目前尚無最終的結論。這同時也意味著這個問題以後還會再次出現，那時候你們或許就已經找到了更富創意的解決方案。

挑戰你自己，測試你自己。那些似乎無法克服的情緒（例如嫉妒和害怕失去），可能最後並不如你所想的那樣致命。學習在情緒和恐懼到來時保持敏銳，給自己時間去消化，不要淪為無法自控的瘋癲之人。變化和妥協是無可避免的。我們不能逆轉它，但我們可以用別出心裁的方式來處理不良溝通和誤解。在不斷練習和堅韌耐心的指引下，衝突會變作親密關係當中一種健康而尋常的過程，最後會深入了解自己和所愛之人。

接納

在一場激烈爭論過後，我的伴侶曾對我說：「要愛你，就要愛你的全部。」這句話從此被我們奉為圭臬。我們在一起，不是為了強迫對方做出改變、或背棄自我。我們各自的性格、觀念或短處，有時候可能觸發怒氣或分歧。但每個人都是一個完整的個體，獨一無二的個性和觀點就是這個整體的根基。不落俗套的伴侶們一定要能找到辦法，珍惜彼此的優點，也珍惜那些不甚可人之處。關鍵在於，別讓怒氣將你們吞噬，只專注於你們的差異，卻看不到共同特質。

生活就是對風險的承擔，越過安全線，跨入愛的神祕區，接納未知的變化和不定的結局。說實在的，感情中真的有固若金湯這種事情嗎？

一個處於開放關係當中的人，不應把遇到的所有問題都歸咎於關係的開放性。但凡有所愛，就難免有所失。不論開放還是單偶，不論結了婚的夫妻還是非正式的戀人，情變皆有可能。這就是生活的真相。單偶並不能保證你的伴侶不會出軌或移情別戀。非單偶也不能保證你的伴侶就一定另有新歡。有的人就是會給別人帶來痛苦；有的人就是會阻撓別人對非單偶關係的選擇——戀情的形式可能並非問題的癥結。就算沒有開放這層因素，一個消極的人仍會怪罪其他的理由。非單偶關係既不是生活裡一切煩惱的解藥，也不是一個人所有問題的成因。

第六章要點

1. 和而不同僅僅說明，你們雙方都為這件重要的事情嘗試了溝通，但目前尚無最終的結論。

2. 生活就是對風險的承擔。

3. 一個處於開放關係當中的人，不應把遇到的所有問題都歸咎於關係的開放性。但凡有所愛，就難免有所失。

4. 不論開放還是單偶，不論結了婚的夫妻還是非正式的戀人，情變皆有可能。這就是生活的真相。

第七章

個案分享

我們中的一些人有孩子

（作者：Famous）

本章由Famous所寫，是書中獨立的一篇。我很幸運有朋友願意花時間書寫她的經歷，分享開放關係和養兒育女的故事。

多年以前，大概在我二十三歲的時候，我發現自己正失去一個我深愛的男人。我明顯地注意到，他只有在不回家的時候才不會悶悶不樂。有一天我出去找他，卻發現他和我一個閨蜜舒舒服服地在外露營。不用說，這毀掉了我和閨蜜的交情，但我和他試著言歸於好。我們又堅持了半年，儘管這期間我無法再信任他，也不放心他走出我的視線外。一切變得如此糟糕，以至於我都覺得要在門上貼張字條，好提醒自己每日要務：掌控和佔有。真是不堪回首。我竭盡心思佔有他，而不是盡我所能去愛他。我們最後還是各奔東西了，但是對我們雙方乃至我們周圍的圈子而言，許多傷害已經造成。雖然耗時良久我才理清頭緒，但我確信自己不會重蹈覆轍。我將不再尋求佔有，不再驗證愛與奉獻，不再讓我和姐妹們的關係出現裂痕。

過了一段時間，我逐漸心領神會，處理我在佔有和嫉妒方面的個人執念的最佳方式，就是探索開放關係。有一陣子我隨心所欲地約會，不要求自己心無旁騖，也允許對方另有所好。我從中學到了很多，但直到我又一次真正愛上某個人，並且開始考慮對他有所承諾的時候，開放關係的理念與準則才切實可行地出現在我的腦海中。

幾年下來我們感情穩定，這時候我發現自己懷有身孕。我和伴侶漸漸明白，由於我們選擇了一條超越現狀的道路，我們所作的一切都異乎尋常，如果不把這些實踐作為真理教授給他人，它們就會永遠顯得離經叛道而難登大雅之堂。而最有成效的教學，莫過於將理念與準則傳遞給孩子。家長正好具備這樣的立場，可以將自己心目中的世界作為事實本身來呈現——這是一項令人望而生畏、卻又激動人心的責任。

我和伴侶最早得出的結論之一，就是要把當父母和當戀人分開來看待。作為孩子的父母和與同一個人永遠相愛是沒有半點關係的。有了這樣的認識，讓我們的關係保持開放所帶來的自由，對我們來說，恰恰是探索未來無盡可能的最穩定也最靈活的安排。開放的關係將隨著時間而在不同的方向成長和演變。我經驗當中，對成長和演變所求最甚的，莫過於為人父母。有關家長身分的期待、定義和承諾，我們幾乎全都需要重新評估，同時重新設定我們的邊界。前所未有地，邊界需要清晰定義、得到尊重。

懷孕是一種由各種情緒所鑄成的獨特而深刻的體驗。即便在最好的情況之下，它也充滿了不確定感、不安全感，以及值得深思的啟示。這些因素需要得到分享與探討。那九個月當中發生了太多事情。出於和一段新戀情初始期同樣的原因，這段時間也不妨減少外部戀人的數量。這不僅是因為此時建立信任尤其重要，更是因為新的挑戰層出不窮。例如，性健康的影響更為重大。準媽媽飆升的體重可能讓她倍感無措。飄忽不定的激素水準和大腹便便的臃腫身材對付起來皆非易事。對情趣的感知也會因而不同。懷孕的女人或許更覺性感，當然了，也可能是性冷感。此外，一想到別的戀人在插入時如此接近自己的孩子，再出色的嫉妒管理恐怕也無法平復你伴侶的心情。

這是你們共同生活裡一個絕無僅有的片段。要是你們關係的各方面都與過去不同，你們也完全不必驚訝。我需要讓我的伴侶暫時單偶一段日子。如果單偶制不是你們的選擇，那麼這段時期所涉及的任何人都應當充分思考，他們在一個新家庭的形成當中，有著怎樣的角色和責任。這是鞏固你們關係的黃金時間，也是為即將到來的輝煌但艱難的時刻做準備。共同養育孩子會讓你中有我、我中有你的感覺更加明顯，隨之而來的壓力會瞬間撐大你們關係當中任何微小的裂痕。你和你的伴侶都將處於轉型當中。你們的情感世界將會迅速昇華。尊重並且珍惜這段時光吧。

一旦孩子降生，就到了需要重新協商的時候。最初的一兩年對於奠定一個強大而值得信賴的基礎至關重要，這基礎將支撐我們女兒的一生。共同養育孩子帶來了共同的責任，並進而造成了一種不容我行我素的相互依賴。我們遇到了有關自己和彼此的諸多問題，這是始料未及的。我們生活在更加緊密的空間中，朝夕相處在同一個屋簷下，孩子的日常照料需要我們時時刻刻保持溝通。

時間的緊張可能令人難以置信。在最初的幾年，一個孩子需要從不間斷的關注。我自己也需要關注，我的伴侶也需要關注，我們的關係也需要關注。再算上工作的時間，家務的時間（現在我們一星期要洗的衣服，比從前一個月還多），睡覺吃飯的時間。這還遠遠沒有把社交活動考慮進去。時間已經所剩無幾，不可能再允許我們「做自己的事情」。

儘管如此，我們還是想方設法，慢慢恢復從前的開放狀態。

對我們而言，單偶的階段在孩子降生之後即無需延續，但我們敏銳地察覺到，一切已經時過境遷。不可能再下午出門約會，隔夜方歸，因為那樣的話，共同的育兒責任就會落在一人肩上。兩人當中不論是誰獨自留守，都會異常清晰地感覺到另一方的缺席。與其說我和寶寶共度的時間是我的時間，不如說是寶寶的時間。孩子嗷嗷待哺的時候，你是沒辦法好好去做其他事情的。事實上，無論是上班、上學、參觀博物館，還是和戀人約會，照料孩子之外的任何活動都需要家人伸出援手。然而，就算我們嘴上說著要恢復這些主要伴侶以外的關係，中斷許久之後也不是說重啟就能重啟的。

這是我們的第一次嘗試：我倆去了一個聚會，孩子則和一位保母待在家裡。我們當中要有一人早點回家，因為我是家裡比較早睡的那個人，我已經準備好先回去了。我也問他要不要跟我一起走，但我知道當時不過是想有個熟悉的人在路上陪陪我，這樣我好回家睡覺。那之後，就算他有別的安排，我也不會真的在意。同時我也覺得，如果他跟我一起提前回家而共同錯過了一些，我也會覺得我錯過了的並不是那麼多。不出所料，他還不想走，於是我自己走回去，爬上床，陶醉於可以肆意伸展的寬敞空間。然而，第二天早上醒來的時候，仍然僅自己和孩子在家。這時候我可就歡呼雀躍不起來了，心裡想著，「你這麼做是什麼意思？」

他最後有確實回來告訴我他這樣做是什麼意思。他打電話說正在回家路上，問我有沒有東西需要。他給我帶了貝果，也和我約時間好好聊一聊。我其實很想當時就跟他談的，但他白天已經有事要做。於是我就等他忙完，因為他之前所做的一切都無可挑剔。他想辦法讓我能夠找到他，我也能得到我需要的解釋，與此同時，他還一直在表達一種一切皆可接受的態度。他夜不歸宿是可以接受的，我對此有想法是可以接受的，他需要和我一起來處理這些情緒也是可以接受的。這都是他在通過行動給我安慰：「我在回家路上了，我在想著你呢，我很快就能在你身邊幫你一把。」要是他沒有因為這一切而驚慌失措，我也用不著六神無主啊。

白天我努力理清思緒，到了晚上就向他傾訴。有些事情讓我落淚，有些事情我需要知道原委，有些事情我則問他我是否應該擔心。但我不用責怪誰，也不用指控誰，更不用呼天搶地。我聽到並且接受了他的安慰。這讓我們的心更近了一些，我們對彼此的承諾與愛也更加堅不可摧。或許我們能夠駛進這片人跡罕至的水域，懷抱我們的孩子，找到方向。

現在有了新的挑戰，只不過方向相反。因為母乳餵養，我在兩年的時間裡都不便離家，顯然，如果要發生任何深入的外部戀情，地點都只能在我們家裡。這意味著我的伴侶要能安於我的其他興趣（儘管或許無需參與），至少知道我的戀人可能會直接登門。

為了這樣的安排能夠如常運轉，第一步其實是我的伴侶先邁出的。他在去年夏季的旅途中認識的一個男人正好造訪我們的城市。這個人是那種我會很感興趣的類型。他需要找幾晚落腳的地方，我的伴侶於是邀請他來家裡借宿。我的伴侶輕描淡寫地說，這是一個他可以信任、也覺得舒服的人，他雖然不會放棄我們床上屬於他的那一半，但是白天他都在上班，所以客人和我想要如何共度時光，就全憑我們自己決斷。他當時所表現出來的善解人意和翩翩風度，讓我幾乎不知所措。我確實很需要來自另一個人的肯定，而這人不能是那個因為愛我、所以對我大加恭維的人。我需要和一個人調情嬉鬧，聽這個萍水相逢的人說我充滿魅力（那時候，我生完孩子不到兩年，仍在適應自己新的身體形態，並且感到疑慮重重）。除了為我帶回來一位戀人，我的伴侶還幫助我學會了如何去應對自己嶄新而陌生的處境。

這就是我們當時的一些情況，但我也花了許多時間來思考，在一個與眾不同的親密關係架構當中，我們的女兒將會如何成長。在通透開放的關係環境裡，孩子將會見識到非常多樣的愛的實踐。小朋友本來就是充滿愛的生物，能以這樣的方式來撫養他們反而難能可貴，這樣他們從小就會明白，能夠得到擁抱、支持、鼓勵、同情的傾聽、專注的關心的地方不只一個。我並不是在暗示，僅僅因為其他戀人的存在，這樣的互動就會自然產生，而是說，開放的心靈才會培育出一系列充滿意義的聯結。過去，幾代同堂的大家庭讓我們得到了形式繁多的情感鍛鍊。當這樣的範式從我們這代人的集體記憶中逐漸式微，將盡可能多的盟友引入家庭的範疇，則似乎是大有裨益的。

將其他人融入我們家庭生活的做法，能讓我們的寶寶不再將他人視為吸引媽媽或爸爸注意力的競爭對手，而是感覺多了一個人幫她拿水果碗、為她讀書或者給娃娃穿衣服。這樣一來，她可以對別人保持開放的心態，尋找每個人的獨特之處，也摸索自己能有什麼與他人分享。我們總是問女兒她對可能會加入的新室友有什麼看法，也會認真考慮她的感受。除非她被排除在外，不然我從未在她身上覺察到妒意。我們許多人不也正是這樣嗎？

這是非單偶制家庭的一個更具體的例子：那陣子我在和一個很喜歡的人約會，但他白天抽身乏術，通常很晚才來我家，這時候我們的女兒往往已經睡了。她會一覺醒來，發現這人還在家裡。她睡著之後明顯發生了一些事情，尤其是她最親近的母親也參與其中，她不太喜歡這主意。於是，我鼓勵深夜戀人早一點過來，參與「兒童時間」的玩耍和閱讀，哪怕片刻也好。要是他抽不出時間來配合，他就不能在我家過夜。我相信類似的情況在我們當中許多人身上都發生過。我們深夜登門，隔天早上穿著內衣睡眼惺忪地在客廳裡遭遇陌生人。要是沒有人好好把我介紹給對方，我通常很難自行跟他們熟絡起來。

要是我們的女兒表示她不喜歡某一個人或某種局面，我們不會簡單地把她的反應歸結為「嫉妒」。我們會弄清楚她不喜歡的到底是什麼。有可能是她和某人或某種局面相處不來，但常見的情況則是，她的某一邊界被忽視了，或者她新設立的邊界需要被納入我們的共識清單。這些時候，我們作為父母，就有責任幫助她為自己的情緒解碼，使她對我們共用之家的氛圍更感舒適。因為她沒有義務去改變自己的感受，或者採用成年人的應對機制，所以我們才必須幫她找到不適的根源，想出改善的辦法。我和伴侶需要再度協商、定義和尊重邊界，就像我們對彼此所做的那樣。如此一來，我們不僅教女兒逐步剖析嫉妒的藝術，也讓她知道她的感受和意見是重要的、被聽到的、值得關注的。我們當中有多少人從小所受的教育就是：「不必理會小孩子說什麼，只需觀察他在做什麼就可以了」？這讓我們仍在掙扎、抱怨、哀嘆和吼叫，因為從未有人肯定過我們的感受和意見，從未有人覺得我們的存在亦有分量。

然而，有的時候，戀情不見得會永保生機。你所做的一切可能都合情合理、無懈可擊，你們的關係也彷彿只會天長地久，然而事情的發展不盡如此。在我和伴侶不得不曲終人散的時候，開放關係的一個意外收穫也瓜熟蒂落。這從來就不是容易的事情，但分手時如何處理孩子、房產、車輛乃至聯名的銀行帳戶，幾乎都是難以完成的任務。幸運的是，我能夠視我們的關係發生了演化，而不是破裂。這種慰藉在我的分手經驗中是前所未有的。既然曾經傷透了心，我當然不想一面承受失去一個同時是我戀人、伴侶、摯友乃至人生樂趣的人的悲傷，一面還要應付單槍匹馬拉扯孩子的挑戰。開放關係所培育出來的革命性的潛能，使我們得以在媽媽和爸爸不想再繼續共同生活的時候，仍然繪出別開生面的家庭圖景。

幸運的是，我們避開了父母分手時常見的很多問題。例如，他和我早就習慣了看到對方與其他人在一起，我們的女兒也是如此。目前為止，我們尚未從女兒身上覺察到任何對新的朋友、戀人乃至室友的嫉妒。她可以用自己的方式跟任何人互動，自由自在。由於我們和關心的人們一貫都很親近，女兒也就從來不用勞神去分辨，媽媽或爸爸身邊的人到底是朋友還是戀人。他們就是那麼好。這樣她就不必像許多離異家庭的孩子那樣，飽受焦慮之苦。她不必擔心誰被誰所取代，不必為了保護爸爸的感受，而對媽媽昨晚跟誰吃飯守口如瓶，也不必肩負向一方報告另一方行蹤的重擔。這些事情放在成年人身上況且棘手，一個只需惦記今日玩伴的孩童更不該為此擔憂。我當前的目標是創造一種關係模式，讓女兒的家庭不斷成長壯大，而不是分裂塌縮。這樣一來，或許她就永遠不必站隊選邊。

雖然沒有親歷，但是不難想像，以不負責和不成熟的方式處理開放關係，必然帶來諸多弊端——這是不信任與不安全感的絕佳溫床。邊界需要得到明白無誤的表述和尊重。關乎孩子的時候，責任就更為重大。承諾一旦做出，便不可隨意更動。

我們試著提醒自己，我們正在雕琢事物應有的模樣，並把它傳遞給嶄新的世代。在此過程中，我們意識到，一些精良可靠的衝突應對技巧也應得以傳承。有那麼幾次，和我分享孩子的那個男人無法與我就任何事情達成共識。但一想到女兒的福祉，我們就都願意學習並運用有助解決問題的衝突策略。為了不讓女兒目睹咆哮大賽，我們有時候需要用寫信的方式來展開討論。另外一些時候，我們則同意等到孩子睡了，再就各項爭議進行協商。我們還練習不要在女兒面前貶損對方，跟孩子說話時要用積極的方式來談論彼此。

困難時期的安慰對孩子來說彌足珍貴，例如：「我知道你想媽媽／爸爸了。她／他暫時不在這兒，但沒關係，你很快就能見到她／他了。而且，我們還會一起出去，玩個痛快呢。」家長做出互相傷害、互不尊重的行為時，孩子就會背負你們所有的心理垃圾。如果家長能夠彼此支持和體貼，那麼孩子就有一個豐盛的情感樂園可以徜徉。你無法預言你和伴侶（們）將會面臨的所有事情。所以就從最初的時候開始吧，保持溝通。你們需要對彼此做出哪些承諾？你們希望以何種方式、把多少人引入你們的家庭生活？你們希望孩子（們）繼承什麼樣的關係範式？你們的家庭又將是何種版本？

“想像一下，

性與愛都無比豐沛的生活是什麼感覺，

魚和熊掌可以兼得是什麼感覺，

既不匱乏亦不飢渴是什麼感覺。想像一下，

要是你能夠充分鍛鍊『愛的肌肉』，

你將變得多麼強健，

你又會有多少愛心可以奉獻！”

Dossie Easton and Catherine A.Liszt,

《道德浪女》

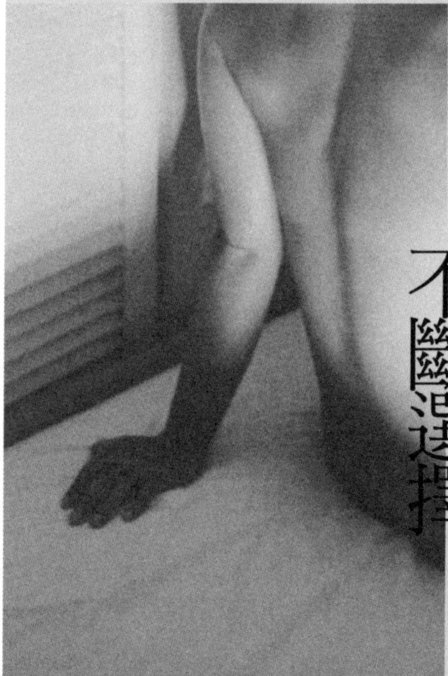

人生就是不斷選擇

親密關係當中有一些情形，就算是最富冒險精神的個人和情侶，恐怕也要避之不及。在親密關係中我們遇到最大的挑戰是，我們如何能在時間與情感的試煉中構建歷久彌新的關係模式？我們無法保證事情將會自動朝著最好的方向發展，然而即便最痛苦的結果，也包含著內在的真理和偉大的智慧。我可以誠實地說，我不後悔遭遇這樣的痛苦，因為它們是生活如影隨形的一部分。我問你：真正讓人刻骨銘心的戀情，從來可能是安全無虞的嗎？

我的伴侶和我都有外部的戀人。但我對其他人的愛從來不曾衝突甚至削弱我對主要伴侶的愛。雖然我們想像過也擔心過一些可能導致我們恩斷義絕的情形，但是我們相信，我們的愛本來就該分享，必須要有和其他人的經歷，我們才會成長。

我們曾跟一個女士同住，她是我們倆的情人。我們體驗到一個嫉妒的外部戀人的挑撥離間。如果對特定的朋友或戀人存有顧慮或不夠信任，我和伴侶都會表達出來，但我們從未阻止或質疑過對方的決定。我們開誠布公地談論我們的幻想，我們抓住機會去嘗試新的事物或新的人。我們一起學會了何時可以拓展邊界和進行實驗，以及何時這麼做會引起不適。有時候我們只是問一句：「這樣子你可以嗎？」或者「你覺得這個有趣嗎？」再或者「要是我們這麼做，你會怎麼想？」

非單偶制也維繫了我和我最好朋友的情誼，如果我們都身處限制性或佔有性的戀情當中，我們的友誼是難以如此深入而親密的。要是我們不能自由地去探索一種開創性的聯結，我們的關係一定會對我們其他的戀人構成威脅。十二年過去了，我們深愛著對方，雖無肌膚之親，卻有無數途徑可以表達對彼此的愛與忠誠。她和我的伴侶一樣，是我的知己與戀人。

非單偶制尤其適合一位伴侶長期旅行在外的情況。當一人離家遠行，留守的另一人通過開放關係去探索愛的聯結，就不會感到怨恨與孤寂。練習去建立友誼、形成聯盟、締結千姿百態的支持紐帶吧。

一個男人寫道：

「這裡有一些我所經歷的開放關係的例子。其中的一些經驗比另外一些美好，而從每一種經驗當中，我都得到了關於別人和我自己的許多領悟。」

「我還年輕的時候，交往過一位比我年長的女子，她介紹我認識了非單偶制關係這種理念。作為一個熱愛自由、對傳統戀情模式心存芥蒂的人，我被深深吸引住了。我們同意各自都可以另有所愛，同時也努力就此保持溝通。一切都很順利，直到我的戀人在隔壁的臥室裡和我最好的朋友發生了關係。我企圖保持冷靜，但聽著他們做愛的聲響，我逐漸失去了理智。我擔心要是告訴他們我很受傷，會讓我顯得不夠瀟灑。於是我告訴自己，大概是我天生不適合這樣的關係模式吧。我怪罪自己，然而我錯了。多年之後我才漸漸明白，成功的開放關係，祕訣在於伴以責任的自由，而不是免於責任的自由。」

「所以我決定再試一次，和一個我正在交往、也對這一理念感興趣的女子。從一開始，在尚未和外部的戀人發生關係之前，我們就進行了充分的溝通。我們約法三章，讓彼此知道各自都有怎樣的期待和限度。這些規則包括：

1．絕對不要和對方的好友發生關係！
2．我們同意不要談論我們和其他戀人性關係的細節（儘管也有人很享受這麼做！）。
3．我們同意要告訴對方，自己何時離開，以及要走多久。
4．我們承諾如果任何一人覺得不舒服，都要及時說出來。

畢竟，愛才是最重要的。我們想要協助彼此的個人成長，充分發展生活和戀愛的潛能。我們曾遇到一些棘手的狀況，但是多數時候，我們都很幸福。我們負責地行動，也尊重對方。我們通常認識彼此的戀人，有時候還和他們有日常交流。（儘管我們也覺得，在自己的社交圈外、甚至地理區外尋找戀人，也相當受用。）所有事情都光明磊落，我們的其他戀人和朋友都知道我們的情況，很多人還受此啟發。這的確需要一些努力，但任何值得付出的關係都需要努力，我們也沒有白忙！我覺得我們都因此成為了更加完整的人。」

「目前，我處在另外一種非單偶制關係模式當中，即便是用無政府主義者或其他開放關係實踐者的標準來看，這一模式也有點劍走偏鋒。我女朋友和我相處的原則通俗來講就是『不問，不説』。我們沒有住在一起，我們也滿意這樣的安排。我們對彼此都有其他戀人這一點心照不宣，只是不想勞神多問而已。但凡我們在一起的時候，我們對彼此絕對專注，我們過得也很精彩。當我們不在一起的時候，我們都可以自由去做任何事情。我們也不會打聽對方分開時的所作所為。這不重要！重要的是我們一起分享的時光和感情。這樣的安排讓我們長久以來都很開心。」

「這種關係模式不見得適合所有人，但如果你正在讀這本書的話，它可能就正好適合你！這樣的模式通常好事多磨，但任何值得擁有的東西往往都來之不易。正如你在本書的事例中看到的那樣，不存在一種放之四海而皆準的辦法。挑戰你自己，尊重你自己和你所愛的人們。探索你去愛、去獲得樂趣的潛能吧。」

另一個男人寫道：

「我的朋友Mary搬來我所在的城市，而事情的發展讓我喜出望外。剛開始那個月我們只是柏拉圖式的朋友——出去玩，做音樂，聊聊天。我讓她按照自己的節奏來。有天晚上她對我敞開心扉，說她感謝我能夠僅僅當個朋友。我解釋說，其實我對她是有好感的，但我不想因此妨礙了我們的友誼。又過了幾天，我們終於做愛了。事情發生得很自然，一切也都很美好。我好久不曾像這樣，連著三天除了工作之外，剩下的時間就是親熱。我太愛這個女人了。」

「這整個經驗的另一美好之處在於，幾個月前，我開始和一個叫做Jane的女人交往。她是一個讓人驚嘆的激進女權主義者、一個自己種蔬菜烤麵包的純素食主義者、一個熱愛土地的無政府主義者、一個風趣堅強獨立還懂草藥的女人。Jane和我從一開始就是非單偶的模式，我們都有別的戀人。而最酷的是，Mary和Jane相見恨晚——沒有我在她倆也其樂融融，Jane後來成為了Mary最好的閨蜜之一。」

「我們三人也會待在一起，而且這樣的相處已經越發讓人覺得自在。偶爾我還是會有一點緊張——每當這時，我就表現得更像是大家的朋友。我們每人都了解也接受我們分而無爭的關係。但對我來說，如此深入的聯結仍然是一種讓人心潮澎湃的體驗——我和Mary的友誼／戀情正在乾柴烈火的階段，而我和Jane的交往也令人陶醉卻又多了一份隨緣。我也喜歡這種狀態，因為她們都是我全心全意地欽佩和尊重的女性，而她們彼此也能成為朋友。」

如何與伴侶共享一位戀人

1.在和所有人妥善溝通之前，不要把戀人帶回家與伴侶共享。

2.如果你和伴侶同意共享一位戀人，那麼不論你的期待如何，任何參與其中的人都可以在沒有壓力或後果的情況下改變主意。請只把你自己失望的情緒留給自己。

3.討論恐懼、關切、擔憂或商定任何問題的時機，應當是在你們開始性接觸之前。

4.準備好數量充足的安全套、潤滑劑、口交膜和其他安全性行為的用具。

5.慢慢開始，不要急於獲得性高潮。要讓所有參與其中的人感到格外的安慰與溫存。

6.為意外情況做好心理準備。一位戀人或者伴侶可能會感到嫉妒，或開始哭泣，或不知所措，甚至因為恐懼和焦慮而逃開。這都是正常的。習慣新的人需要時間，和他人進行如此親密的共享，可能是一件令人恐懼或後果難料的事情。這並不意味著共享是一個糟糕的主意，這僅僅意味著，我們在情緒出現的時候需要去體驗它，在這個過程中我們有太多的東西要學習。

7.學習做一個好的相擁而眠者，首先奠定信任和耐心。

8.一定記住在之前、當中和事後，都要與這位共同的戀人保持密切的語言交流。伴侶們常會忘記，這第三個人並沒有與自己一樣的夥伴網絡可以依靠。做愛之後要及時與外部的戀人進行情緒上的確認。

總結

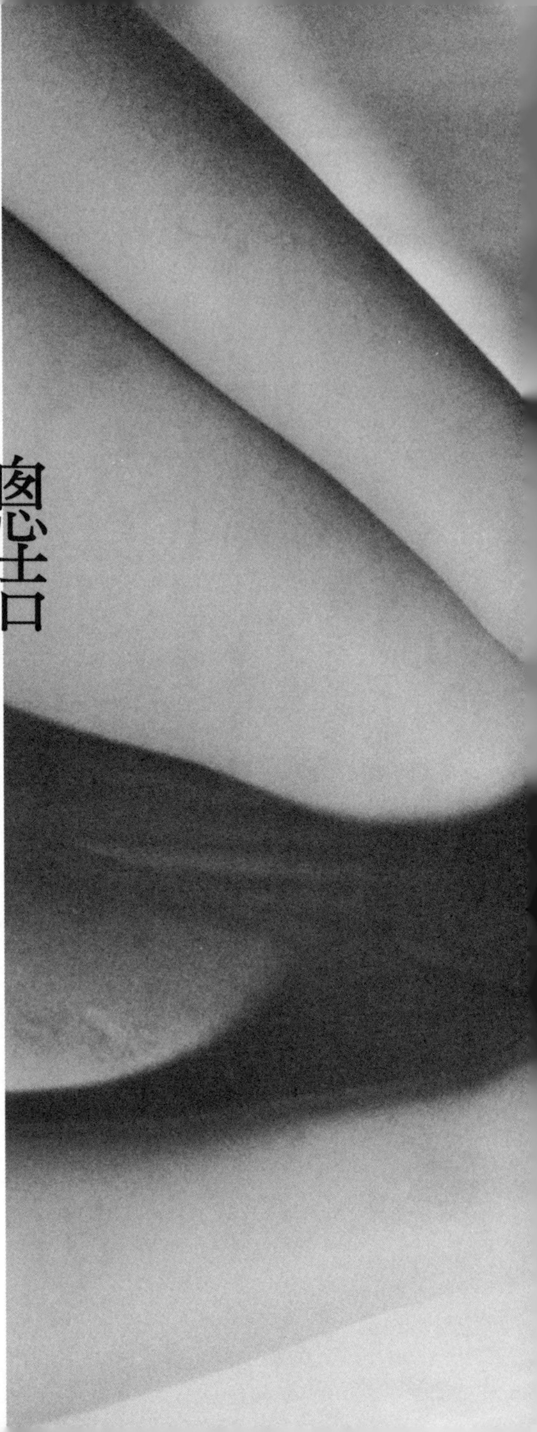

變化是無可避免的。就算是最穩定的長期戀情也必然發生變化。我們作為人不斷成長的同時，我們的所需、所想、所慾、所求也在不斷演變。哪有一成不變的答案或保證。主要伴侶可能有一天會面臨（永久或暫時的）分離，他們也可能害怕一位次要的戀人動搖他們對彼此承諾的核心——如此種種，不勝枚舉。我們可以在假想的痛苦結局中度過餘生。我能給出的最佳建議，就是專注於一切關係當中的友誼成分——強大的友情往往比床笫之歡、相擁為伴或者無常悲喜更持久。通過學習如何去接納關係那變動不居的本性，我們將不再惶惶不安。

任何形式的開放關係的美好之處正在於，你永遠不用在傳統的字面意義上經歷「分手」。一段開放的關係將隨著時間向各種方向成長和演變。朋友可能成為有性關係的戀人，接著分開一陣子，演變成筆友，數年之後則可能是不論有無肌膚之親的靈魂伴侶，今年異地，明年同居。沒有既定的道路。事情的變化可能發生在兩天之內，也可能是在兩年之間。是的，如果一個你所鍾愛的擁眠夥伴，不知何故而與你一刀兩斷，你定會黯然神傷。當你愛上某人，對方卻對你了無好感，這必然是一種情感的挫折。一開始，這很痛苦，不等到這情緒褪去，你可能都無法泰然自若地待在對方身旁。但是誰能說愛意不會在數年後重燃，或者一位往昔的戀人就不能成為日後的摯友？誰能說分手的痛苦經驗不會讓你們彼此都意識到，你們其實需要對方，不管是以何種身分——朋友，摔跤的搭檔，按摩的夥伴，凌晨四點危機熱線的接聽者，各式各樣。

我們受到過時的社會規範制約，這些規範限制了我們的感知，並將我們束縛在不滿意關係的不健康循環中。一旦你向自己承認，你值得去定義一種更適合你生活方式和價值觀念的關係模式，此時最大的掙扎和阻礙就會悄然浮現。

“多偶戀仍然難以被社會接受，

我們甚至沒有給它一個通俗易懂的稱呼。

這可能是因為，

對於既定的社會秩序而言，

較之性傾向的多樣化，

戀情模式傾向的多樣化被視作更大的威脅。”

Dr. Deborah M. Anapol,

The New Love Without Limits:
Secrets of Sustainable Intimate Relationships

直面被誤解的恐懼

許多非單偶者都隱瞞著他們的生活方式和多重關係。在工作場所、在朋友之間、尤其在家人面前，都是如此。他人不理解我們，沒法完全理解我們在做什麼的人嚴厲批評我們，還有好些人不以開放的態度接受我們所選擇的生活方式，在在持續迫使我們藏身暗櫃。負面的外部評價不僅令人痛苦，還可能擾亂我們多年努力才得以奠定的感情基礎。

對那些觸發你的不安與懷疑的事情，你要心中有數。或許某天你會質疑你親密關係的真正根基，質疑你曾相信的所有事情，但請你一定不要被外人的閒言碎語所左右。讓我們直說吧，單偶制也不能保證人們喜歡或不喜歡你。投身開放的關係就意味著，即便朋友也可能對你指手畫腳，不贊同或不接受你的另類選擇。

難怪我們當中有那麼多人都對非單偶的實踐三緘其口。你要學會仔細挑選你希望對誰披露這樣的資訊。對我而言，「出櫃」是一個敏感的話題。雖然我可以向摯友和姐妹鉅細靡遺地談論我的愛情生活，但我也因為家母、姻親乃至其他朋友的誤解而苦惱不已。我從來敢作敢為，頻頻打破我們文化所設定的條條框框，然而，面對被所愛之人誤解的恐懼，卻沒有簡單的答案。只有你自己可以決定要對誰敞開心扉。最終而言，我希望可以瀟灑做我自己，無需他人首肯。只是目前來看，我還尚未達成。

在我們生活的時代，我們可以選擇自己的性身分，或選擇要不要做一個信教的人。我們可以選擇只同居不結婚，也可以選擇要不要有孩子。可以穩妥地說，我們也有權決定，多重的戀愛關係是否與我們的生活方式更相宜。別再聽信社會的勸誘，為你所愛之人的數目感到歉疚。這是我們創立未來的家庭模式、培育健康負責的親密關係的機會。你的勇氣將所向披靡，如你所願地去愛吧，邀請所愛之人共組家庭，與你的孩子共建友誼，各自的房間，共同的戀人，你們的衣服一起洗，但你們彼此有分寸，在你們私密的家中，開啟一場小小的革命。

後記

愛的漫談

我遇到過那麼多說自己不知道愛為何物或不相信愛之存在的人。談起愛這個話題的時候，他們要不是心生幻滅，就是被從前的親密關係弄得筋疲力盡，說什麼愛對他們而言已經意義盡失，或者變著法子來冷嘲熱諷。有時候我覺得他們是因為過去受過的傷害，才需要為心靈築起高牆，以免再次被斷然拒絕。我也做過同樣的事情。另一些人則對親情或友情（通常是柏拉圖式的），或對某種為他們帶來無限歡欣的死物（例如吉他、音響、書籍、機車）有著模糊的愛的感覺。

我確信，我們都對陷入愛戀這件事心存畏懼，因為它讓我們的情感以身試險。它要求我們認清自己的期待（不論這期待理智與否），並且坦承自己的渴望、需要、慾求和希冀。我知道，愛始於內在。你必須先愛自己，全部地，完整地，日復一日地，愛你所有的過失和疑慮，愛你各式的畸形和殘缺，無論在身體上、情感上、精神上，還是在心理上。如何去達成和你的自我及你的靈魂（因為你是這靈魂唯一的守護者）的這種愛或者說聯結，人們的方式各不相同。

這正是創造力層出不窮之處。如果你愛你自己，那麼做什麼你也在所不惜。你會做一些瘋狂而怪異的事情來維持這份愛。這就像是照看一堆篝火；我們都會遇到內心的火苗偶爾熄滅的時候，這些時候需要添加油料、重新點燃，或者迅猛延燒。

我知道有時候，當人們在成長過程中缺乏一些關鍵的因素，同時又沒有看到愛意滿滿的親密關係的好榜樣，他們對愛情是什麼或可能是什麼，沒有一個平衡的理解。我們的童年經驗在很大程度上塑造我們對愛與親密的感知。我們也很容易受到外部榜樣的影響，而它們多半是虛構的、不現實的、浪漫化的，甚或僅僅是電視上的劇情。我們都體驗過浪漫化的愛或親密，而這樣的時刻卻通常無法持久。這並不是在暗示真正的愛必須持續多少分鐘、多少天、多少年這樣一種固定的時間。愛是不能這樣去簡化的。

有一種傾向是把愛放進嚴密的框架當中，簡單粗暴地加以定義，接著就束之高閣，然後要麼小題大做，要麼等閒視之。但愛是聰慧的，不會以如此無謂的方式束手就擒。愛可能會坐在酒吧的凳子上把自己灌得不省人事。她可能在一條死胡同裡漫無目的地跌跌撞撞，感到既孤單又自憐，你卻不能輕易將她擺脫。她可能從床笫之間飛往道路或河流，但她不會被溺斃。她也可能盲目，全然無視周遭的美好；或者失聰，對他人的關懷之聲充耳不聞；或是冷漠，察覺不到剛才那個擁抱的力量。但是，愛尚未消亡。

愛既不能保證你不犯錯（也不能保護你不受傷）。她可能會掛斷你的電話，誤會你的解釋，她還可能帶給你知難而退的人，或是厭倦了總是自己在主動付出的人。愛有著精巧內置的計時器，你卻從來無法預估她，這對於有的人來說充滿挑戰而讓人興奮，對於另一些人而言卻著實可怖而令人氣餒。

你無法用一種無私或英雄主義的終極行動來囚禁愛，因為愛同時也狡黠、輕佻、反覆無常、猶豫不決，就像人類一樣，無法被歸入單一的類別。事實上，她厭惡任何形式的分類，她要求的是自由、狂野、變幻莫測、永不馴服。

激勵是愛的出口。當你對一個人懷有愛意，你就會受到激勵去為他們做點什麼，這純粹是善意的表達，不期許對方投桃報李。愛是沒有擔保的，沒有退貨政策，沒有退款方案，沒有價格標籤，沒有使用指南。這就是愛的困難之處。這是生活美好一面的一趟狂野旅程，卻完全是在黑暗中展開的。這就像那《第22條軍規》（*Catch-22*）（編按：美國60年代小說，Catch-22引申為進退兩難的意思），為了獲得愛，你必須放開她，把一切交付於她，同時也相信自己，而你卻仍然找不到未雨綢繆的說明、食譜或地圖，好帶你到嚮往之境。

從本質上說，愛是能夠接受任何結果的能力，因為沒有什麼結果是不可移易的，反轉可能發生在五分鐘後，也可能發生在五年之間。愛也是不限定一個人滿足你所有的需要。你愛上的可能只是一個人，但你一定有其他的需求要靠其他的人來滿足。讓某一個人為你一切的幸福負責，這不公平，也勉為其難。就像一位朋友指出的那樣，「能夠收穫擁抱的地方何其之多」。你必須讓自己幸福，這樣一來，發生的其他事情就只是錦上添花，就像你聽到有人喚你名字時的溫暖之感，或者想念你生命中感謝擁有的人，或一個你知道在羸弱無助時可以信賴的人，他們對生活的奇思妙想，他們的氣息味道，你在他們身邊時感到的別樣氛圍。

最微小的舉動，最短暫的歡愉，都能輕易讓愛得到滿足，因為這就是生活。

不論愛本身是否負有責任，但最終要為你生活中愛的豐盈或匱乏負責的是你自己。愛可能被錯置、被誤導，甚至在錯誤的時間說出所有錯誤的事情，但她卻易於原諒。愛一定會因為似是而非的永恆而讓你深感挫敗和迷失，但她卻最終教給我們重要一課，那就是不要對愛或者對我們自己失去信心。

愛激勵我們變得謙卑而慷慨，提醒我們將自大之心拋諸身外。愛消長起落，在中途前來，於半道離去。她把你沖入孤寂與自恨的深淵，卻又在你心灰意冷的時候點醒你的潛能。當你沒有準備好的時候，愛已經揚帆出發，當你苦苦追尋之時，她卻隱匿身影。愛未放棄，你亦不能。

真切地看。
充實地活。
凡事自己想透徹。

My Path

Let them dissect
my thoughts
They'll never find what they're after.
I feel the pull
the weight of a lie
heavy in my mouth
this full disclosure
I feel the pull
I want only freedom
without ownership
the door wide open
I want only love
in its limitless capacity
no fear of the unknown
I feel the pull
no one to hold me back
no one to tell me how to live
no one to block my path
"living my life," Emma reminds me again
to demand nothing less from myself
I am a force
that cannot be reckoned with.

Wendy-O Matik
(Dedicated to Emma Goldman)

尋路

讓他們剖析
我的心思
他們絕對找不到所求
我感到那引力
謊言之重
如鯁在喉
亟待真相
我感到那引力
我要的僅是自由
不帶佔有
如門敞開
我要的僅是愛
以它無盡的潛能
何懼未知的徵候
我感到那引力
無人能阻攔我
無人能規定我怎樣生活
無人能擋住我的去路
「為自己活」，艾瑪再次提醒
要把厚望寄於己身之上
我是一種
不可等閒視之的力量

溫迪・歐麥蒂克
（獻給Emma Goldman）

參考文獻

· Allison, Dorothy, *Skin: Talking about Sex, Class & Literature*, Firebrand Books, Ithaca, NY, 1994.

· Anapol, Dr. Deborah M., *Polyamory: The New Love Without Limits: Secrets of Sustainable Intimate Relationships*, Intinet Resource Center, San Rafael, CA, 1997.

· Easton, Dossie and Catherine A. Liszt , *The Ethical Slut: A Guide to Infinite Sexual Possibilitie*s, Greenery Press, San Francisco, CA, 1997.

· King, Paul, Polyamory: Ethical Non-Monogamy, AlterNet.org, 26 October 2001. https://www.alternet.org//2001/10/polyamory_ethical_non-monogamy/

· Lano, Kevin and Claire Parry,(Eds.), *Breaking the Barriers to Desire: New Approaches to Multiple Relationships*, Five Leaves Publications, Nottingham, England, 1995.

· Starhawk, *The Fifth Sacred Thing*, Bantam Books, New York, NY, 1993.

書目附注

去你當地的小書店找找這方面的讀物吧。要是你能上網，也可以找一找非單偶制或相關主題的書籍。找到什麼，就讀什麼。有些東西也許已經過時，或不太適合你這代人——讀之無妨。指引與洞見可能來自最出其不意的地方。也為你自己的親密關係寫寫日記，記下你的經歷、忠告、想法乃至價值觀。

延伸話題

- 通過嚴格執行單偶制度和婚姻制度，早期父權制的猶太—基督宗教在對女人的佔有中所扮演的角色。
- 中國、印度、古代蘇美（今伊拉克南部）、西藏、錫蘭、美洲原住民、非洲、埃及、凱爾特、羅馬和希臘文化及神話傳說中的非單偶制實踐。
- 現代社會執迷單偶制，將其作為親密關係原型的主導形式。
- 其他靈長類動物（例如倭黑猩猩）的性行為和性關係與人類性行為的比較。
- 從雜誌、期刊、書籍、網站、工作坊、支持團體、各類機構、熱線服務等，搜集關於非單偶制的資訊。
- 關於愛、親密以及性的哲學和／或政治。
- 關於多重主要伴侶、多偶忠誠、多偶戀及非單偶制的個案研究。
- 家庭暴力和衝突解決。
- 關於如何自愛的教學手冊。
- 嫉妒的起源，作為純粹的社會化情感或人類演化的殘餘。
- 非傳統親密關係的新定義、新「標籤」以及新模式。

重新定義親密關係：告別嫉妒、謊言和誤解的實用指南
Redefining Our Relationships: Guidelines For Responsible Open Relationships

作者：溫迪・歐麥蒂克（Wendy-O Matik）
譯者：廖愛晚
責任編輯：林君宜
校對：張小鳴、林君宜、吳子晴、石育棓
相片提供：Ikey Poon、Square Lam、小丁
相片模特兒：Cath @cathbeingcath、Haruka Jolyne @harukajolyne、Coffee @coffee_meowday（貓咪）
設計裝幀：小丁
出版：dirty press / Ma Chun Kwan

dirty press
地址：Flat f, 25/F., Tower 16, Hoi Tsui Mans., Riviera Gdns., Tsuen Wan, NT, HONG KONG
電郵：dirtypress@gmail.com
網址：https://www.dirtypress.net
facebook：https://www.facebook.com/dirtypress.hk
instagram：https://www.instagram.com/dirty.press_clean.press/

Ma Chun Kwan
地址：Flat f, 25/F., Tower 16, Hoi Tsui Mans., Riviera Gdns., Tsuen Wan, NT, HONG KONG

發行
香港：一代匯集｜電話：852-2783-8102
台灣：唐山／正港｜電話：886-02-2363-9735

承印：一展彩色製版有限公司

2023年6月初版
國際書號：978-988-76681-0-7
圖書分類：（1）親密關係 （2）人際關係 （3）個人成長 （4）心理學
售價： 港幣98元／新台幣300元